职业教育"岗课赛证"融通系列教材

# 建筑工程识图

刘觅 主 编

谭 伟 卢 倩 李 婷 副主编

广州中望龙腾软件股份有限公司 组织编写

中国建筑工业出版社

图书在版编目（CIP）数据

建筑工程识图 / 刘觅主编；谭伟，卢倩，李婷副主编；广州中望龙腾软件股份有限公司组织编写 . — 北京：中国建筑工业出版社，2023.12

职业教育"岗课赛证"融通系列教材

ISBN 978-7-112-29338-4

Ⅰ . ①建… Ⅱ . ①刘… ②谭… ③卢… ④李… ⑤广… Ⅲ . ①建筑制图-识别-高等职业教育-教材 Ⅳ . ①TU204.21

中国国家版本馆 CIP 数据核字（2023）第 215781 号

本教材围绕建筑工程识图技能的培养和提升，力争做到课证融通，理论与实践结合，体现职业教育教材的特点。

本教材内容包含：认识建筑工程识图、建筑投影知识应用、建筑制图标准应用、建筑设计说明及其他文件识读、建筑平面图识读、建筑立面图识读、建筑剖面图识读、建筑详图识读、建筑工程识图技能提升训练题以及某某小区别墅建筑施工图。

本教材可作为中等职业学校土建类专业的教学用书、"1＋X"建筑工程识图职业技能等级证书培训教材，也可作为建筑工程技术人员的参考书。

为了便于本课程教学，作者自制免费课件资源，索取方式为：1. 邮箱：jckj@cabp.com.cn；2. 电话：(010) 58337285；3. 建工书院：http：//edu.cabplink.com；4.QQ 交流群：796494830。

责任编辑：司 汉 李 阳
责任校对：刘梦然
校对整理：张辰双

职业教育"岗课赛证"融通系列教材

**建筑工程识图**

刘 觅 主 编

谭 伟 卢 倩 李 婷 副主编

广州中望龙腾软件股份有限公司 组织编写

\*

中国建筑工业出版社出版、发行(北京海淀三里河路 9 号)

各地新华书店、建筑书店经销

北京鸿文瀚海文化传媒有限公司制版

河北鹏润印刷有限公司印刷

\*

开本：787 毫米×1092 毫米 1/16 印张：10¾ 插页：9 字数：320 千字

2023 年 12 月第一版 2023 年 12 月第一次印刷

定价：**38.00** 元（赠教师课件）

ISBN 978-7-112-29338-4

(41797)

# 前言

工程图样被喻为"工程技术界的语言",是表达与交流技术思想的重要工具,是工程技术部门的一项重要技术文件,也是指导生产与施工管理必不可少的技术资料。"建筑工程识图"是土建类专业的基础课程,是学习建筑工程技术的起点。

学历证书与职业技能等级证书相结合,探索实施"1+X"证书制度,是《国家职业教育改革实施方案》的重要改革部署。对标《建筑工程识图职业技能等级标准》,匹配"1+X"建筑工程识图职业技能等级证书考核方案,依据中等职业学校土木工程识图教学大纲,参照最新建筑制图标准和规范编写。围绕建筑工程识图职业技能的形成与提升,对"建筑工程识图"课程教学内容进行重构,使教学内容与职业技能紧密融合,助力实现课证融通。

本教材注重落实立德树人根本任务,促进学生成为德智体美劳全面发展的社会主义建设者和接班人。教材内容融入思想政治教育,推进中华民族文化自信自强。其特点是:

1. 立足中高本衔接、一体化协同育人,广泛组织中等职业学校、高等职业学校资深教学专家,以"1+X"建筑工程识图职业等级证书考核培训资源为依托,将纸质教材和数字化资源一体化设计,建立教材内容与课程数字资源的有机联系,助力线上线下混合式教学,融合多样化的教学活动,提升学习效率,提高教学、培训效果。

2. 根据土建类专业的教学特点,结合建筑工程识图职业技能等级标准,基础理论够用、识图实践丰富,每个技能模块中均设置了"识图实训"环节,突出识图技能的培养和提升。

3. 教材中融入了"想一想""练一练"等形式的学习引导内容,辅助学习者更好地掌握识图知识,提升识图技能。以"拓展阅读"等形式融入课程思政元素,培植职业素养,树立工匠精神。

本教材由广州中望龙腾软件股份有限公司组织编写,四川建筑职业技术学院刘觅任主编并统稿,四川建筑职业技术学院黄敏教授任主审,重庆市工业学校谭伟、四川省双流建设职业技术学校卢倩、成都职业技术学校李婷任副主编,重庆市工业学校陈大红、何礼、梅雨生,四川省双流建设职业技术学校李倩颖,重庆工信职业学院丁德超,成都职业技术学校颜源、王俊玺参加了编写。具体分工如下:绪论由谭伟编写,第1章由陈大红、何礼、梅雨生编写,第2章由卢倩、李倩颖编写,第3章由丁德超编写,第4章由颜源编写,第5章由王俊玺编写,第6章由李婷编写,第7章由刘觅编写。

　　编者总结了多年的工程和教学经验，参考了大量建筑工程制图的相关教学资料，在此一并向这些图书和资料的作者表示感谢。由于编者水平有限，书中不妥之处在所难免，恳请读者批评指正。

# 目录

# 4

# 5

# 6

# 7

# 0　认识建筑工程识图

1. 了解制图技术的发展概况；
2. 理解课程定位与培养目标；
3. 理解课程学习方法、熟悉课程学习任务。

1. 能描述课程定位与培养目标；
2. 能清楚阐述学习任务；
3. 能根据任务特点选择恰当的学习方法。

## 一、制图技术发展概况

我国是世界四大文明古国之一，在建筑工程制图方面有很多成就。根据历史记载，我国很早就使用了较好的作图方法：《周髀算经》中有商高用直角三角形边长为 3∶4∶5 的比例作直角的记载；《墨子》的著述中有"为方以矩，为圆以规，直以绳，衡以水，正以悬"的绘图与施工划线方法，矩是直角尺、规是圆规、绳是木工用于弹画直线的墨绳、水是用水面来衡量是否水平的工具、悬是用绳悬挂重锤来校正铅垂方向的工具，这些方法目前仍被民间工匠广泛应用于生产实践中。

《史记》的《秦始皇本纪》述及"秦每破诸侯，写放其宫室，作之咸阳北阪上"，就是说，秦国每征服一国后，就命人画出该国宫室的图样，并照样建造在咸阳北阪上。

1974 年在河北省平山县出土的公元前 4 世纪末的战国中山王墓，发现在青铜板上用金银线条和文字制成的建筑平面图，该图用 1∶500 的正投影绘制并标注有尺寸。这也是世界上罕见的最早按正投影法表达的工程图样。

宋代李诚所著的《营造法式》是我国历史上关于建筑技术、艺术和制图的一部著名的建筑典籍，也是世界上很早刊印的建筑图书，共 36 卷，内有工程图样六卷之多（包括平面图、轴测图、透视图），图上运用投影法表达了复杂的建筑结构，这在当时是极为先进的。图 0-1 就是《营造法式》中的一些图样。

此外，宋代天文学家、药物学家苏颂所著的《新仪象法要》，元代农学家王桢撰写的《农书》，明代科学家宋应星所著的《天工开物》等书中都有大量为制造仪器、工农业生产所需要的器具和设备所绘制的图样。

随着生产技术的不断发展，农业、交通、军事等器械日趋复杂和完善，图样的形式和内容也日益接近现代工程图样。如明代程大位所著《算法统宗》一书的插图中，有丈量步车的装配图和零件图。

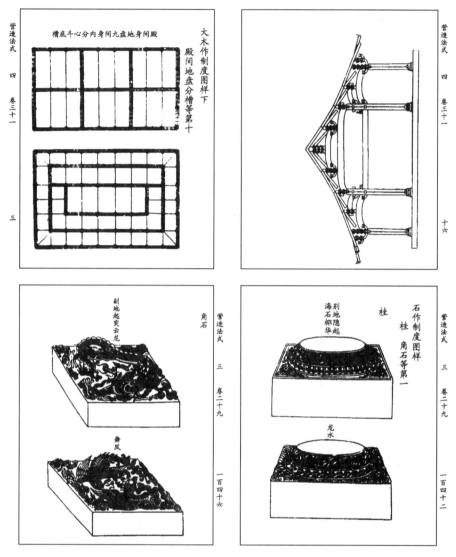

图 0-1 《营造法式》中的工程图样示例

　　中国古代传统的工程制图技术与造纸术一起于唐代同一时期传到西方。18 世纪欧洲的工业革命，促进了一些国家科学技术的迅速发展。法国科学家加斯帕尔·蒙日总结前人经验，将各种表达方法进行归纳，于 1798 年发表了《画法几何学》。蒙日画法是以互相垂直的两个平面作为投影面的正投影法，总结了平面图形表示空间形体的规律，使工程图的表达与绘制实现了规范化，奠定了图学理论的基础。蒙日画法对世界各国科学技术的发展产生巨大影响，并在科技界，尤其在工程界得到广泛的应用和发展。

　　中华人民共和国成立后，随着社会主义建设蓬勃发展和对外交流的日益增长，学术活动频繁，画法几何、射影几何、透视投影等理论的研究得到进一步深入，工程制图学科得到飞快发展，并广泛与生产、科研相结合。与此同时，由于生产建设的迫切需要，由国家相关职能部门批准颁布了一系列制图标准，如技术制图标准、机械制图标准、建筑制图标准、道路工程制图标准、水利水电工程制图标准等，使全国工程图样标准得到了统一，标志着我国工程图学进入了一个崭新的阶段。这些标准的开发和应用大大促进了经济的发展。《房屋建筑制图统一标准》GB/T 50001—2017、《总图制图标准》GB/T 50103—2010、《建筑制图标准》GB/T 50104—2010、《建筑结构制图标准》GB/T 50105—2010、《建筑给水排水制图标准》GB/T 50106—2010、《暖通空调制图标准》GB/T 50114—2010，是我国当前在房屋建筑工程方面实施的制图标准。今后，这些制图标准仍将随着科学技术和经济建设的继续发展而不断地补充和修订。

在世界上第一台计算机问世后，计算机技术以惊人的速度发展。计算机图形学、计算机绘图、计算机辅助设计（CAD）技术已逐步应用于相关领域。除了国外一批先进的图形、图像软件如 AutoCAD、Pro/E 等得到应用外，我国自主开发的一批国产绘图软件，如中望建筑 CAD 软件等也在设计、教学、科研生产单位得到广泛使用。今天，计算机出图在工程上已经普及，传统的尺规作业模式基本退出历史舞台。

需要说明的是从尺规作业到计算机绘图，变化的只是绘图工具的不断演进，工程制图的理论——画法几何并没有大的变化。所以，在今后的一段时间里画法几何依然是工程类专业学生的必修科目，尺规作图依然是学生训练动手能力、提高空间想象能力的重要手段。

## 二、进入建筑工程识图课程

工程图样被喻为"工程技术界的语言"，是表达设计思想的重要工具，也是指导生产、施工管理等必不可少的技术资料。工程项目都是先进行设计，绘制图样，然后按图施工的，所以建筑工程技术人员必须能够熟练地绘制和识读工程图样。建筑工程识图课程主要研究绘制和阅读工程图样的理论和方法，是中等职业学校建筑工程相关专业的一门专业基础课程。

本课程通过学习投影法的基本理论及其应用、建筑专业图的内容和图示、建筑制图的基本知识、相关国家制图标准，对专业图样进行解读和分析，查阅专业标准和技术规范，运用空间形体的形象思维，以仪器绘图、徒手绘图等形式，能够用二维平面图形表达三维空间形状。树立贯彻执行国家标准的意识、认真负责的工作态度、严谨细致的工作作风和吃苦耐劳的工程岗位意识以及安全生产、节能环保和产品质量等职业意识。

## 三、建筑工程识图课程的学法

"建筑工程识图"是实践性很强的课程，必须加强实践性教学环节，保证认真完成一定数量的作业和习题。具体学习要求如下：

1. 认真听课，及时复习，读懂教材，掌握和领会空间想象、画图及读图的基本原理和方法。

2. 按时、用心完成作业。只有通过作业的实践，才能牢牢掌握图学的基本原理，熟悉形体分析、线面分析和结构分析等方法的应用，提高动手能力。

3. 遇到问题积极求助。可向身边的同学、老师求助，也可求助于网络，但要注意鉴别。

4. 不断改进学习方法，提高学习效率，锻炼自学能力和独立工作能力。

 拓展阅读

### 古代建筑经典：《营造法式》

公元 1097 年北宋政府任命将作监（主管土木工程的机构）的李诫负责编撰官方建筑法规典籍。李诫组织团队，详尽收集汴京当时实际工程中相传沿用有效的做法，与工匠们详细研究，于公元 1100 年修订完成建筑学专著《营造法式》，是世界上最早、最完备的建筑著作。公元 1103 年此书经皇帝批准后刊印，公诸于世。图 0-2 为《营造法式》中的部分插图。

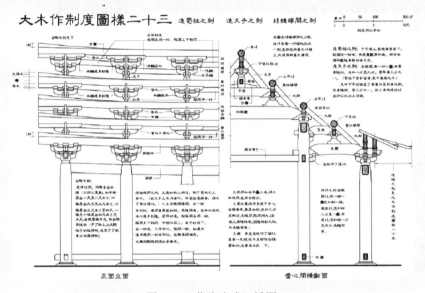

图 0-2 《营造法式》插图

《营造法式》以宫廷建筑为主，对北宋统治阶级的宫殿、寺庙、官署、府第等建筑使用方法和原理进行了详细的分析和记载。全书 357 篇、3555 条中，有 308 篇、3272 条是历代各类工匠相传、经久可行之法。内容可分为五个部分，包括释名（相当于现在的名词解释）、各作制度（工种的操作规程）、功限（劳动定额和工时的详细计算方法）、料例（工种的材料消耗定额和有关施工的质量标准）和图样（大样图图集），共 34 卷；前面还有"看详"（"计算规则"和"基本数据"）和"目录"各一卷。

《营造法式》相当于今天的建筑法规，有了它，无论是编制各工种的用工计划、工程总造价，还是编制各工种之间先后顺序、相互关系（相当于现在的施工组织设计和进度计划）和质量标准都有法可依、有章可循，既便于施工顺利进行，也便于随时检查和竣工验收。

《营造法式》不仅向人们展示了北宋建筑的技术、科学、艺术风格，还反映出当时的社会生产关系、建筑业劳动组合、生产力水平等多方面的状况。《营造法式》对于我们研究中国古代建筑的发展史提供了重要的历史资料，堪称是中国古代最优秀的建筑著作，是人类建筑遗产中极为珍贵的遗产。

# 1 建筑投影知识应用

 学习重点

1. 理解投影的概念，了解投影的分类及特性，理解三面投影图的形成原理；
2. 理解点、直线、平面的三面投影特征；
3. 理解平面体和常见曲面体的投影特性；
4. 理解组合体的组合形式和读图方法；
5. 掌握组合体尺寸标注；
6. 理解剖面图、断面图的形成、分类、画法和应用；
7. 理解轴测图的产生、基本性质、分类、特点，掌握正等测图画法。

技能要求

1. 能根据点、线、面的二面投影，正确画出第三面投影；
2. 能根据直线和平面的三视图判断其位置类型；
3. 能根据形体的二面投影，正确画出第三面投影；
4. 能正确完成一般难度形体三视图的补线；
5. 能正确绘制简单组合体三视图；
6. 能正确读懂一般难度组合体三视图；
7. 能正确进行一般难度组合体尺寸标注；
8. 能绘制常见建筑构件（柱、梁、板、窗等）的剖视图；
9. 能绘制一般难度建筑构配件正等测图。

拓展阅读

## 大国工匠——彭祥华

"木匠""杀猪匠""大国工匠"看似风马牛不相及的称呼，重庆汉子彭祥华却集于一身。他先后荣获中华全国铁路总工会"火车头奖章"、中国中铁"十大专家型工人"称号和"全国五一劳动奖章"。1969 年，彭祥华出生在重庆铜梁农村。25 岁时，他进入中铁二局第二工程有限公司做木工，因为表现出色，很快成了木工班长。但这些成绩并没有让他沾沾自喜、停滞不前，而是再接再厉，不断学习，提升自己。1997 年，他参与了朔黄铁路建设，也就是那个时候，他接触到了隧道爆破技术。于是，他一边努力完成自己承担的木工工作，另一边抓紧时间苦学爆破技术。为了尽快掌握爆破技术，他起早贪黑，从零学起。凭借勤学多思、刻苦钻研的劲头，彭祥华很快掌握了基本技术，并在不断钻研创新的基础上在隧道爆破领域独当一面。川藏铁路拉林段项目中，针对软岩变形、隧道涌水等施工难题，彭祥华提出了多种创新施工工艺，极大地降低了人工作业量，项目提前 8 个多月完工，为国家节约资金约 2000 万元。自参

加工作以来，彭祥华的足迹遍布全国各地，经历了上万次的爆破，解决了上千个技术难题。多年来，作为业内知名的爆破专家，彭祥华拒绝了很多公司几十万元年薪的邀约，依然奋战在爆破一线，无论天南海北，只要祖国需要的地方，他从不缺席。

同学们，"大国工匠"也是从平凡干起的，大家不应妄自菲薄，我们要学习彭祥华勤学多思、刻苦钻研的劲头，努力学好理论知识，扎实掌握专业技能，随时准备投身到祖国需要的地方，在新时代中国特色社会主义建设中实现自己的价值。

# 1.1　投影规律与应用

## 一、正投影

### 1. 投影的基本概念

生活中，物体在自然光或灯光的照射下，在地面或墙面上产生一定形状的影子，将影子进行几何抽象所得的平面图形，称为物体的投影，如图 1-1 所示。用投影表示物体形状和大小的方法称为投影法。用投影法画出的物体图形称为投影图，平面 P 称为投影面，点 S 称为投射中心，直线 SA、SB、SC 称为投射线。

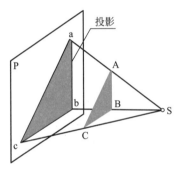

图 1-1　投影的形成

【想一想】生活中的影子与投影有哪些区别呢？影子具有哪些特点呢？

### 2. 投影法的分类

光线射出的方向称为投射方向。按投射线的形式不同，可将投影法分为不同的类型，如图 1-2 所示。投射线汇交于一点的是中心投影法，如图 1-3 所示；投射线相互平行的是平行投影法，其中平行投影法又分为正投影法和斜投影法，如图 1-4 所示。

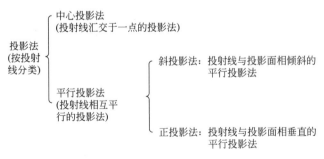

图 1-2　投影法的分类

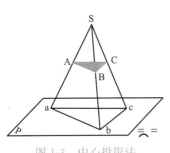

图 1-3　中心投影法

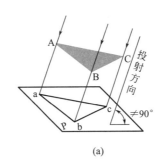
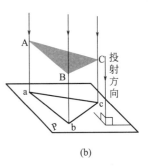

图 1-4　平行投影法

（a）斜投影法；（b）正投影法

【小提示】绘制工程图样主要采用正投影法。用正投影法作出的物体图形称为正投影图，也称为视图。

**3. 正投影法的特性**

（1）显实性：当直线或平面与投影面平行时，则直线的投影反映实长，平面的投影反映实形的性质，如图 1-5（a）所示。

（2）积聚性：当直线或平面与投影面垂直时，则直线的投影积聚成一点，平面的投影积聚成一条直线的性质，如图 1-5（b）所示。

（3）类似性：当直线或平面与投影面倾斜时，其直线的投影长度变短，平面的投影面积变小，但投影的形状仍与原来的形状相类似，如图 1-5（c）所示。

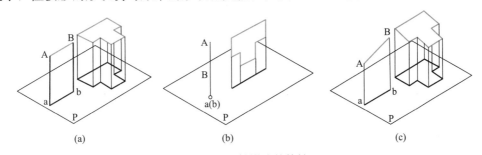

图 1-5　正投影法的特性

（a）显实性；（b）积聚性；（c）类似性

【小提示】制图规定空间物体要素用大写拉丁字母表示，其投影用同名小写字母表示。如果投影不可见又必须标出时，应该加注"（　）"，如图 1-5（b）所示，空间直线 AB 在投影面 P 上的投影为 ab，因为 b 被 a 挡住而不可见，所以加注"（　）"，我们称空间 A 点和 B 点对 P 面构成重影，A、B 为 P 投影面的重影点。

## 二、三视图

### 1. 三视图的形成与展开

单面正投影图只能反映物体一个方向的形状和尺寸，对物体的真实信息反映不全面，也不完整。所以工程制图采用的是多面正投影，最常见的是三面正投影，即三视图。

（1）三面正投影体系的建立

三面正投影体系由三个互相垂直的投影面构成，如图1-6所示。

三个互相垂直的投影面分别称为正立投影面、侧立投影面、水平投影面，分别用字母 V、W、H 标记。三投影面之间两两相交的交线称为投影轴。OX 轴代表长度方向，据此可判断两点的左右关系；OY 轴代表宽度方向，据此可判断两点的前后关系；OZ 轴代表高度方向，据此可判断两点的上下关系。三根投影轴互相垂直，交点叫原点，用 O 表示。

（2）三视图的形成

将物体放在三面正投影体系中，分别向三个投影面作正投影，就得到物体的三个视图，简称三视图，如图1-7所示。

图 1-6  三投影面体系

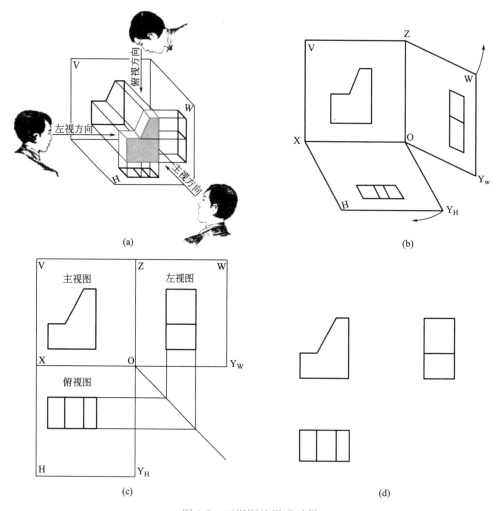

图 1-7  三视图的形成过程

（a）三面正投影形成；（b）三面正投影展开过程；（c）展开后的三面正投影；（d）三视图

由前向后投射所得到的正面投影称为主视图（V 面投影）；由上向下投射所得到的水平投影称为俯视图（H 面投影）；由左向右投射所得到的侧面投影称为左视图（W 面投影）。

（3）三面正投影体系的展开

三视图不在同一平面上，难以实现绘制和保存，需要将三个投影面展开到同一平面中来。规定：V 面保持不动，H 面绕 OX 轴向下旋转 90°，W 面绕 OZ 轴向右旋转 90°，如图 1-7（b）所示，这样就得到了如图 1-7（c）所示展开后的三视图。

三面投影体系
的建立与展开

【小提示】本教材中提到的三视图均指展开后的三视图，也称三面正投影或三面投影。

**2. 三视图之间的关系**

（1）位置关系：以主视图为准，俯视图在它的正下方，左视图在它的正右方，如图 1-7（c）所示。

（2）投影关系："三等"规律：主俯视图"长对正"，主左视图"高平齐"，左俯视图"宽相等"，如图 1-8 所示。无论研究对象是点、线、面还是体，其三视图均须满足此"三等"规律。

（3）方位关系：主视图——反映物体的上、下、左、右；俯视图——反映物体的前、后、左、右；左视图——反映物体的上、下、前、后，如图 1-9 所示。

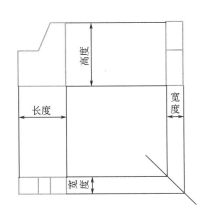

图 1-8　三视图间的投影关系

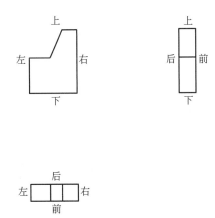

图 1-9　视图与物体的方位关系

# 1.2　点、线、面的投影

## 一、点的三面正投影

### 1. 点的投影标注

空间物体要素用大写字母表示，H 面投影用同名小写字母表示，V 面投影在小写字母上加注"′"，W 面投影在小写字母上加注"″"。如图 1-10 所示，空间点 A 的三面投影分别为 a、a′、a″。

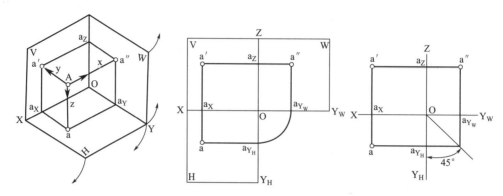

图 1-10　点的三面正投影

【小提示】一般而言，点 A 的三视图 a、a′、a″将构成一个矩形，矩形的第四点在第四象限的角平分线上。此经验可作为求解第三视图的作业检验。

**2. 点的投影规律**

（1）点的投影仍然是点。

（2）相邻投影连线垂直于投影轴。如图 1-10 所示：

点的正面投影和水平面投影的连线垂直于 OX 轴，即 $aa′⊥OX$；

点的正面投影和侧面投影的连线垂直于 OZ 轴，即 $a′a″⊥OZ$；

点的水平面投影和侧面投影的连线垂直于 $OY_H$ 轴和 $OY_W$ 轴，即 $aa_{Y_H}⊥OY_H$，$a″a_{Y_W}⊥OY_W$。

影轴距等于点面距。点的投影到投影轴的距离，反映了点到相应投影面的距离。如图 1-10 所示：

$aa_{Y_H}＝a′a_Z＝Aa″＝Oa_X＝A$ 点到 W 面距离；

$aa_X＝a″a_Z＝Aa′＝Oa_Y＝A$ 点到 V 面距离；

$a′a_X＝a″a_{Y_W}＝Aa＝Oa_Z＝A$ 点到 H 面距离。

**3. 点的坐标**

在三面投影体系中，空间点及其投影的位置可以通过坐标来确定。将三面投影体系视为空间直角坐标系，投影面 V、H、W 相当于坐标面，而投影轴 OX、OY、OZ 相当于坐标系中的坐标轴，O 点相当于坐标原点。则该空间内任意一点 A 的坐标均可以表示为：$A(x_A，y_A，z_A)$。由图 1-10 可知：

$x_A＝A$ 点到 W 面距离$＝aa_{Y_H}＝a′a_Z＝Aa″＝Oa_X$；

$y_A＝A$ 点到 V 面距离$＝aa_X＝a″a_Z＝Aa′＝Oa_Y$；

$z_A＝A$ 点到 H 面距离$＝a′a_X＝a″a_{Y_W}＝Aa＝Oa_Z$。

【小提示】A 点坐标值正是相应方向的点面距。

## 二、直线的三面投影

### 1. 一般位置直线

对三个投影面均倾斜的直线为一般位置直线。

投影特性：①一般位置直线的各面投影都与投影轴倾斜；②一般位置直线的各面投影的长度都小于实长，如图 1-11 所示。

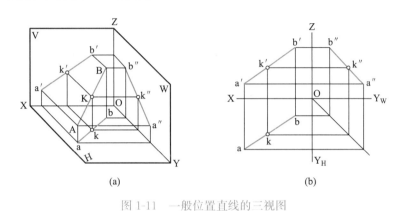

(a)　　　　　　　　　　　　(b)

图 1-11　一般位置直线的三视图

### 2. 特殊位置直线

特殊位置直线包括投影面的平行线和投影面的垂直线。因为三面投影体系有三个投影面，所以投影面的平行线和投影面的垂直线又各有三种。

（1）投影面平行线：平行于一个投影面而与另两个投影面倾斜的直线。

【练一练】用铅笔在"三面正投影体系"模型中展示，讲解定义直线名称，并思考填写表 1-1。

归纳投影面平行直线的投影特性：

A. 在平行的投影面上得到＿＿＿＿＿＿直线，且与平行投影面上两投影轴＿＿＿＿＿＿；

B. 在倾斜的投影面上得到＿＿＿＿＿直线，且与平行投影面外的投影轴＿＿＿＿＿，展开后两投影共线。

投影面平行线的三视图　　　　　　　　　　　　　　　表 1-1

| 概念 | 定义 | | 立体图及投影图 | 投影特性 |
|---|---|---|---|---|
| 平行于一个投影面，且与另两个投影面倾斜的直线。 | //H | 水平线 | | A. 在＿＿＿面上得到等长直线，且与＿＿＿、＿＿＿投影轴倾斜；<br>B. 在＿＿＿、＿＿＿面上得到两缩短直线，且与＿＿＿投影轴垂直。 |

| 概念 | 定义 | | 立体图及投影图 | 投影特性 |
|---|---|---|---|---|
| 平行于一个投影面，且与另两个投影面倾斜的直线。 | //V | 正平线 | 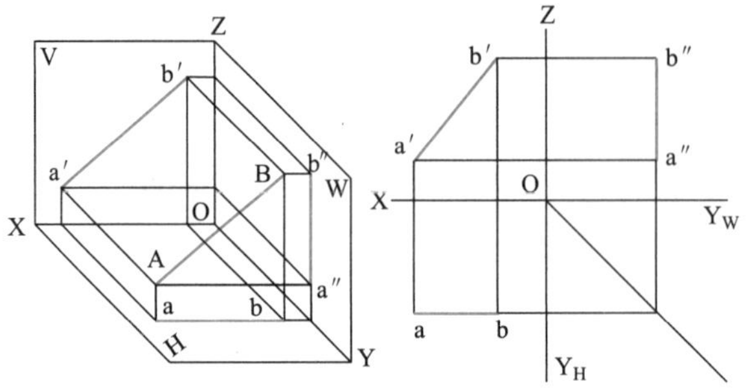 | A. 在____面上得到等长直线，且与____、____投影轴倾斜；<br>B. 在____、____面上得到两缩短直线，且与____投影轴垂直。 |
| | //W | 侧平线 | 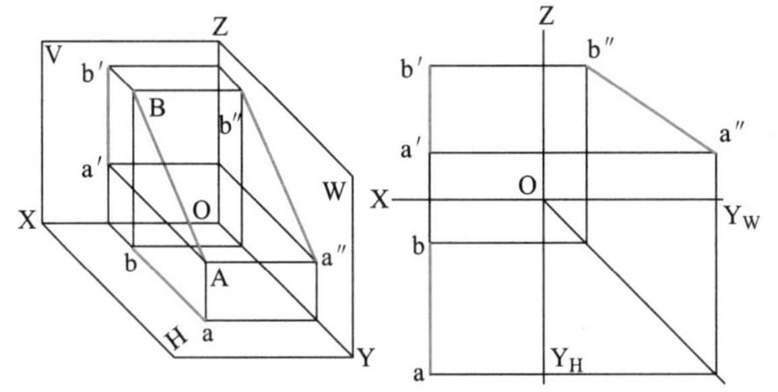 | A. 在____面上得到等长直线，且与____、____投影轴倾斜；<br>B. 在____、____面上得到两缩短直线，且与____投影轴垂直。 |

（2）投影面垂直线：垂直于一个投影面（必与其他两个投影面平行）的直线。

【练一练】用铅笔在"三面正投影体系"模型中展示，讲解定义直线名称，并思考填写表1-2。

投影面垂直线的三视图　　　　　　　　　　表 1-2

| 概念 | 定义 | | 立体图及投影图 | 投影特性 |
|---|---|---|---|---|
| 垂直于一个投影面（必与另两个投影面平行）的直线。 | ⊥H | 铅垂线 | 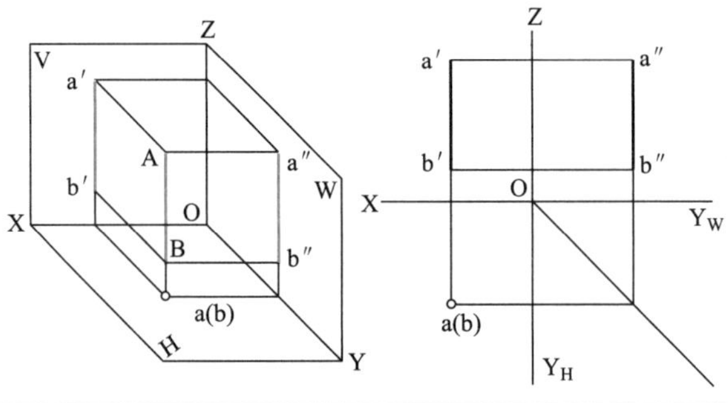 | A. 在____面上积聚成一点；<br>B. 在____、____面上得到两等长直线，且与____投影轴平行。 |
| | ⊥V | 正垂线 | 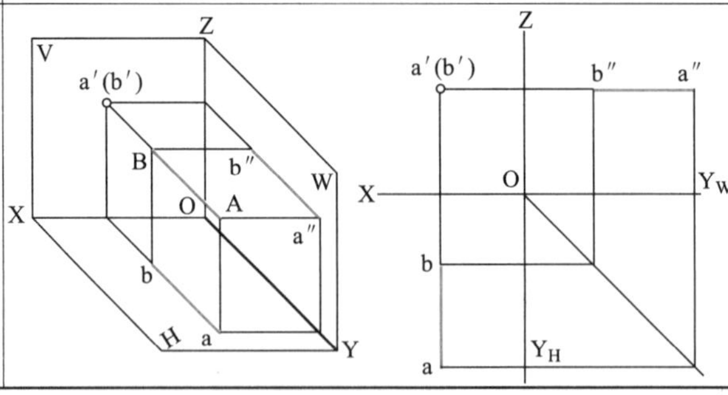 | A. 在____面上积聚成一点；<br>B. 在____、____面上得到两等长直线，且与____投影轴平行。 |

续表

| 概念 | 定义 | | 立体图及投影图 | 投影特性 |
|---|---|---|---|---|
| 垂直于一个投影面（必与另两个投影面平行）的直线。 | ⊥W | 侧垂线 |  | A. 在 ＿＿＿ 面上积聚成一点；<br>B. 在 ＿＿＿、＿＿＿ 面上得到两等长直线，且与 ＿＿＿ 投影轴平行。 |

归纳投影面垂直直线投影特性：

A. 在垂直的投影面上＿＿＿＿＿＿＿＿＿＿＿＿＿＿＿；

B. 平行的两个投影面上得到两＿＿＿＿＿＿＿＿，且与垂直投影面外的投影轴＿＿＿＿＿＿，展开后两投影平行。

【小提示】直线上任意一点的投影必在该直线的投影上。点分线段和点的投影分线段的投影所成比例相等。

1-3

直线的投影

## 三、平面的三面投影

这里的平面是指实体上的平面，存在形式为各种线条围住的共面封闭区域。

### 1. 一般位置平面

与任何一个投影面都不垂直的平面称为一般位置平面，如图 1-12 所示。

投影特点：三个投影图均为空间原形的类似形。

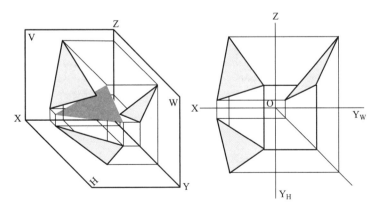

图 1-12　一般位置平面

【小提示】作平面（多边形）的三面投影，可先作平面（多边形）各顶点的三面投影，再用直线依照空间顺序将顶点的同面投影连接即成。

**2. 特殊位置平面**

特殊位置平面包括投影面的平行面和投影面的垂直面。因为三面投影体系有三个投影面，所以投影面的平行面和投影面的垂直面又各有三种。

（1）投影面平行面：只平行于一个投影面的平面（必与其他两个投影面相垂直）。

【练一练】用三角板在"三面正投影体系"模型中展示，讲解定义平面名称，并思考填写表 1-3。

归纳投影面平行面的投影特征：

A. 在平行投影面上的投影为＿＿＿＿＿＿＿；

B. 在另两个投影面上的投影为＿＿＿＿＿＿＿，且与平行投影面外的投影轴＿＿＿＿＿＿＿＿＿＿。

投影面平行面的三视图　　　　　　　　　　　　　　　　　　　　　表 1-3

| 概念 | 定义 | | 立体图及投影图 | 投影特性 |
|------|------|------|------|------|
| 平行于一个投影面的平面（必与另两个投影面垂直）。 | //H | 水平面 | 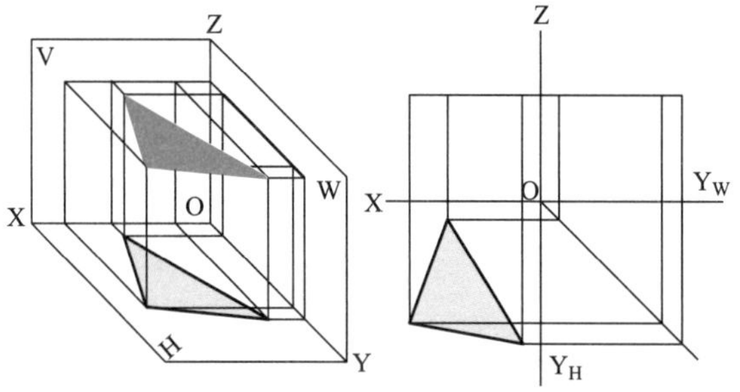 | A. 在＿＿＿面上得到＿＿＿＿＿＿；<br>B. 在＿＿＿、＿＿＿面上积聚成＿＿＿＿＿，且与投影轴垂直。 |
| | //V | 正平面 | 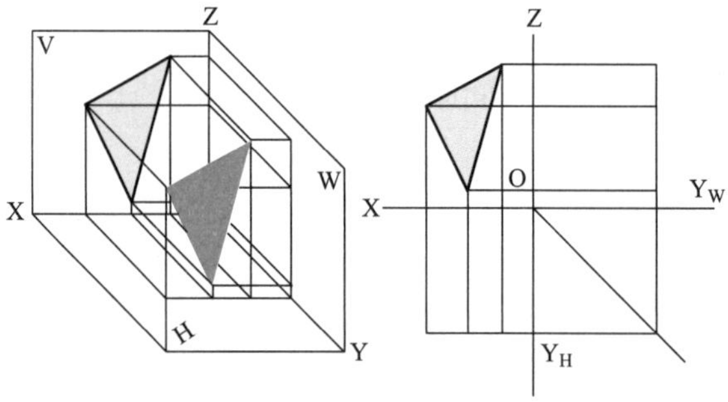 | A. 在＿＿＿面上得到＿＿＿＿＿＿；<br>B. 在＿＿＿、＿＿＿面上积聚成＿＿＿＿＿，且与投影轴垂直。 |
| | //W | 侧平面 | 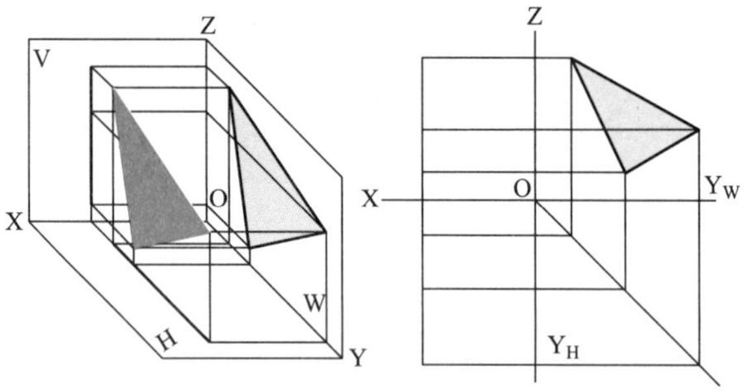 | A. 在＿＿＿面上得到＿＿＿＿＿＿；<br>B. 在＿＿＿、＿＿＿面上积聚成＿＿＿＿＿，且与投影轴垂直。 |

（2）投影面垂直面：垂直于一个投影面而倾斜于其他两个投影面的平面。

【练一练】用三角板在"三面正投影体系"模型中展示，讲解定义平面名称，并思考填写表 1-4。

投影面垂直面的三视图　　　　　　　　　　　　　　　表 1-4

| 概念 | 定义 | | 立体图及投影图 | 投影特性 |
|---|---|---|---|---|
| 垂直于一个投影面而倾斜于其他两个投影面的平面。 | ⊥H | 铅垂面 |  | A. 在＿＿＿投影面上积聚为＿＿＿，且＿＿＿＿＿该投影面的两投影轴；<br>B. 在＿＿＿、＿＿＿两投影面上得到＿＿＿＿＿三角形。 |
| | ⊥V | 正垂面 | | A. 在＿＿＿投影面上积聚为＿＿＿，且＿＿＿＿＿该投影面的两投影轴；<br>B. 在＿＿＿、＿＿＿两投影面上得到＿＿＿＿＿三角形。 |
| | ⊥W | 侧垂面 | | A. 在＿＿＿投影面上积聚为＿＿＿＿＿，且＿＿＿该投影面的两投影轴；<br>B. 在＿＿＿、＿＿＿两投影面上得到＿＿＿＿＿三角形。 |

归纳投影面垂直面的投影特征：

A. 在＿＿＿＿＿投影面上积聚为＿＿＿＿＿，且与该投影面上两投影轴＿＿＿＿＿；

B. 在另两投影面上得到原平面的＿＿＿＿＿形。

1-4

平面的投影

# 1.3 工程形体的三视图

常见的棱柱、棱锥、圆柱、圆锥、圆球等几何体称为基本立体，简称基本体，如图 1-13 所示。基本体又分为平面立体和曲面立体两类。表面均为平面的基本体为平面立体，简称平面体；表面为曲面或曲面与平面的基本体为曲面立体，简称曲面体。

图 1-13 基本立体

由两个或两个以上简单几何体组成的物体称为组合体，如图 1-14 所示。

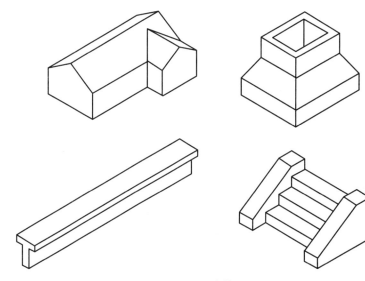

图 1-14 组合体

组合体可分为叠加和切割两种基本组合形式，或者是两种组合形式的综合（混合）。叠加是将各基本体以平面接触相互堆积、叠加后形成的组合形体。切割是在基本体上进行切块、挖槽、穿孔等切割后形成的组合体。组合体经常是叠加和切割两种形式的综合。

几何体分类如图 1-15 所示。

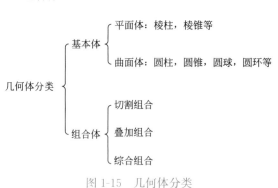

图 1-15 几何体分类

## 一、基本体投影

基本体的三视图见表 1-5。

基本体的三视图                                      表 1-5

| 类型 | 三视图 | 投影特点 |
|---|---|---|
| 直棱柱:两个全等底面,所有棱与底面垂直。<br>示例:正六棱柱  | 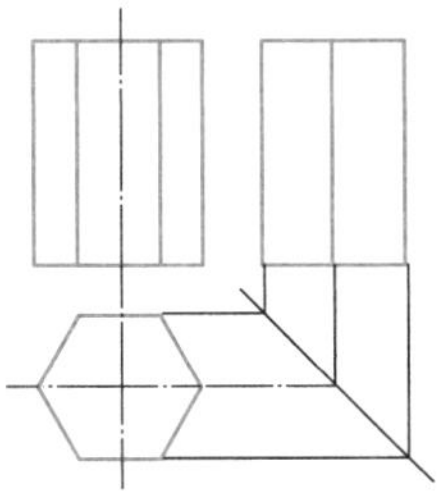 | 两个矩形,一个多边形(棱柱底面投影)。一般而言,两个矩形不全等。 |
| 棱锥:将棱柱顶面收缩到顶面的中心成为一个点,得到棱锥。<br>示例:三棱锥 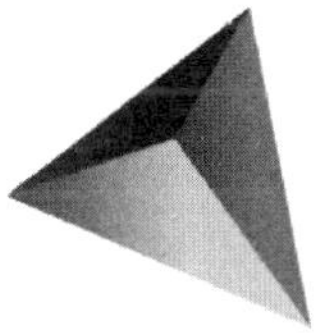 | 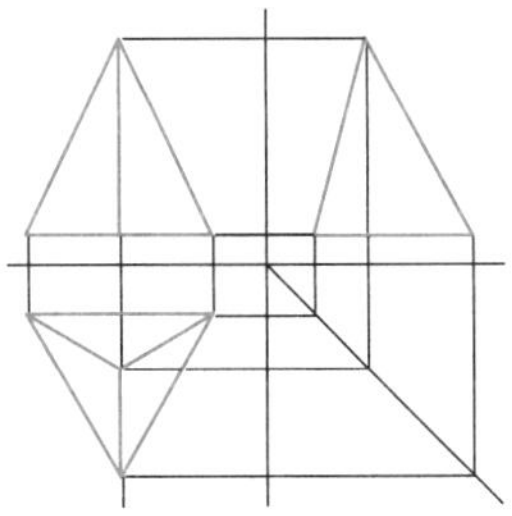 | 两个三角形,一个多边形(棱锥底面投影)。一般而言,两个三角形不全等。 |
| 圆柱:圆柱体由圆柱面和上、下两底面构成。  | 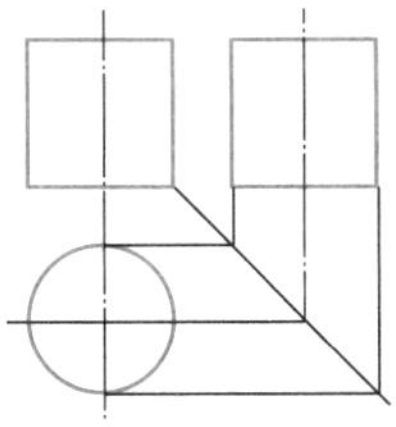 | 两个全等矩形和一个圆,点画线不能漏画。 |
| 圆锥:将圆柱顶面收缩到顶面的中心成为一个点,得到圆锥。  | 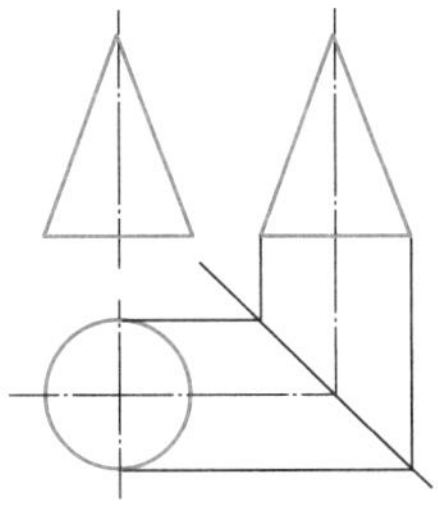 | 两个全等等腰三角形和一个圆,点画线不能漏画。 |
| 球:距离空间某固定点距离相等的所有点的集合。 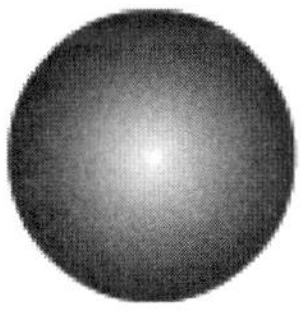 | 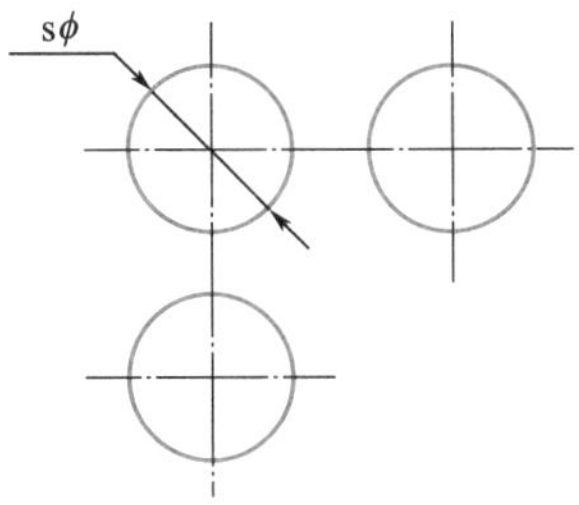 | 三个全等圆,点画线不能漏画。<br>标注 $s\phi$ 时可省略其他视图。 |

## 二、组合体投影

### 1. 组合体的表面连接关系

两个基本形体组合在一起，相邻位置关系不同，其表面的连接关系也不同。包含平齐、相切、相交和不平齐四种情况，如图 1-16 所示。注意画图要求。

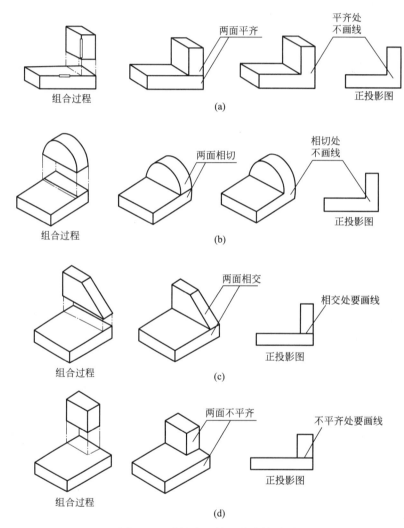

图 1-16　形体表面的几种连接关系

（a）两面平齐；（b）两面相切；（c）两面相交；（d）两面不平齐

### 2. 组合体三视图识图

组合体读图最基本的方法是形体分析法。形体分析法是把比较复杂的视图按线框分成几个部分，运用三视图的投影规律，分别想出各形体的形状及相互连接方式，最后综合起来想整体，如图 1-17 所示。

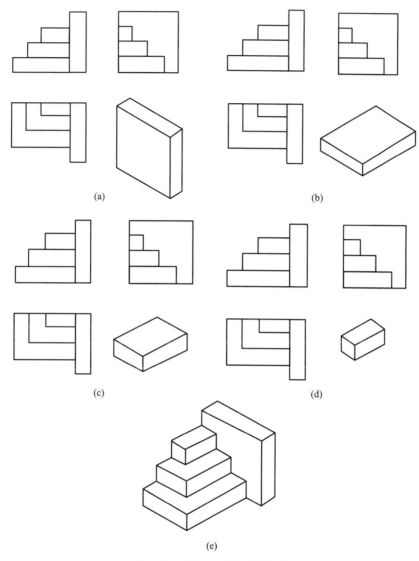

图 1-17 形体分析法读图思路

(a) 立板；(b) 第一层台阶板；(c) 第二层台阶板；(d) 第三层台阶板；(e) 整体形状

当形体上存在倾斜面倾斜线时，采用形体分析法读图仍难确认，可用线面分析法校验倾斜面倾斜线。线面分析法就是按照直线和平面的投影性质，对投影图进行分析，识读投影图的方法。

线面分析时要善于利用线面的真实性、积聚性、类似性读图。一个封闭线框一般情况下代表一个面（有时是一个孔），若它表示一个平面，其他投影中就应当能找到其类似形，若找不着，则它一定集聚成了一条直线，如图 1-18 所示。

图 1-18 中 P 面投影为两个类似形加一条直线，直线在 V 面上，所以 P 面为正垂面。Q 面和 R 面投影均为两条直线和一个平面，平面在 V 上，故为正平面。S 面的投影为两条直线和一个平面，平面在 H 上，故为水平面。当所有线框分析正确后，组合体三维图就自然呈现。

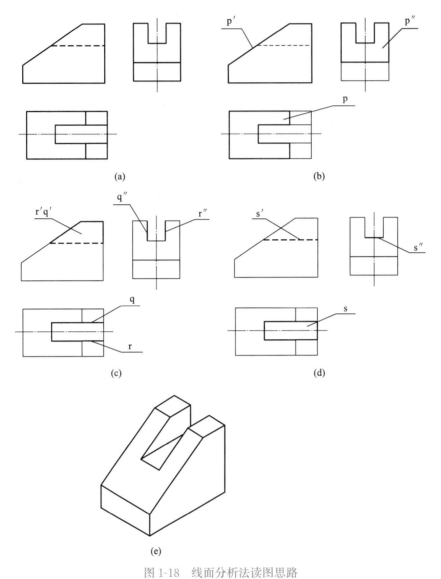

图 1-18  线面分析法读图思路

（a）三视图；（b）线框 P；（c）线框 Q、R；（d）线框 S；（e）整体形状

# 1.4 识图实训：绘制工程形体三视图

**工作页1**

班级：＿＿＿＿＿＿ 姓名：＿＿＿＿＿＿ 学号：＿＿＿＿＿＿ 成绩：＿＿＿＿＿＿

1. 【AAK001】已知点 A、B、C 的两面投影，求作第三面投影，如图 1-19 所示（保留辅助线）。

2. 【AAK002】已知点 A、B 的两面投影，求作第三面投影，如图 1-20 所示（保留辅助线）。

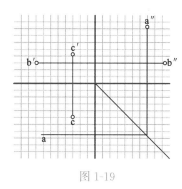

图 1-19

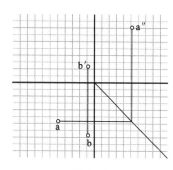

图 1-20

3. 【ABK001】完成相交两直线 AB 与 CD 的三面投影，如图 1-21 所示（保留辅助线）。

4. 【ABS001】已知直线 AB 的两面投影，求作第三面投影，如图 1-22 所示（保留辅助线）。

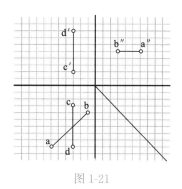

图 1-21

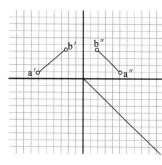

图 1-22

5. 【ACK003】已知平面的两面投影，求作第三面投影，如图 1-23 所示（保留辅助线）。

6. 【ACS004】已知平面的两面投影，求作第三面投影，如图 1-24 所示（保留辅助线）。

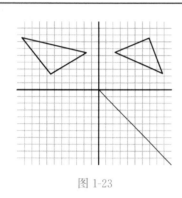

图 1-23

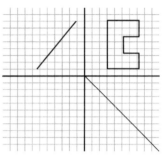

图 1-24

7. 【BAK001】已知该立体的两面投影，求作第三面投影及其表面各点的另两面投影，如图 1-25 所示（只保留点的辅助线）。

8. 【BAS005】已知立体的两面投影，求作第三面投影及其表面点 M、N 的另两面投影，如图 1-26 所示（只保留点的辅助线）。

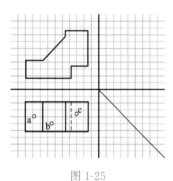

图 1-25

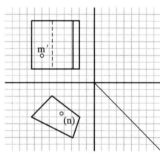

图 1-26

# 1.4　识图实训：绘制工程形体三视图

**工作页 2**

班级：＿＿＿＿＿＿　姓名：＿＿＿＿＿＿　学号：＿＿＿＿＿＿　成绩：＿＿＿＿＿＿

1.【CAS014】补画棱柱切割体的第三面投影，如图 1-27 所示（删除辅助线）。

2.【CAK017】求棱柱切割体的第三面投影，如图 1-28 所示（删除辅助线）。

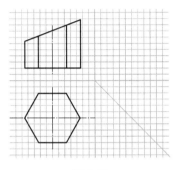

图 1-27

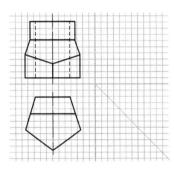

图 1-28

3.【CAK003】补画几何体的第三面投影，如图 1-29 所示（删除辅助线）。

4.【CAS006】补画棱柱切割体的第三面投影，如图 1-30 所示（删除辅助线）。

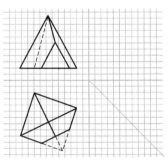

图 1-29

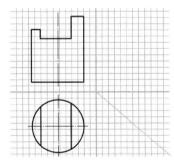

图 1-30

5.【DAK001】根据组合体的两面视图，补出第三面视图，如图 1-31 所示（删除辅助线）。

6.【DAK004】根据组合体的两面视图，补出第三面视图，如图 1-32 所示（删除辅助线）。

7.【DAK028】根据组合体的两面视图，补出第三面视图，如图 1-33 所示（删除辅助线）。

8.【DAK029】根据组合体的两面视图，补出第三面视图，如图 1-34 所示（删除辅助线）。

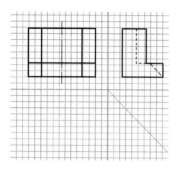

图 1-31

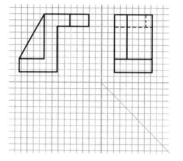

图 1-32

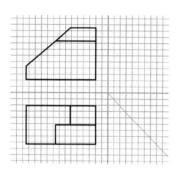

图 1-33

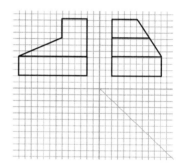

图 1-34

# 1.4　识图实训：绘制工程形体三视图

**工作页 3**

班级：＿＿＿＿＿＿　姓名：＿＿＿＿＿＿　学号：＿＿＿＿＿＿　成绩：＿＿＿＿＿＿

1.【DAK030】根据组合体的两面视图，补出第三面视图，如图 1-35 所示（删除辅助线）。

2.【DAK031】根据组合体的两面视图，补出第三面视图，如图 1-36 所示（删除辅助线）。

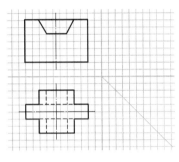

图 1-35

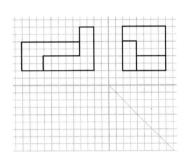

图 1-36

3.【DAK043】根据组合体的两面视图，补出第三面视图，如图 1-37 所示（删除辅助线）。

4.【DAK037】根据组合体的两面视图，补出第三面视图，如图 1-38 所示（删除辅助线）。

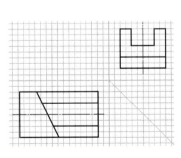

图 1-37

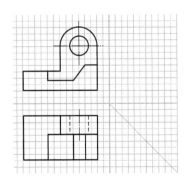

图 1-38

5.【DAS003】根据组合体的两面视图，补出第三面视图，如图 1-39 所示（删除辅助线）。

6.【DAS002】根据组合体的两面视图，补出第三面视图及其漏线，如图 1-40 所示（删除辅助线）。

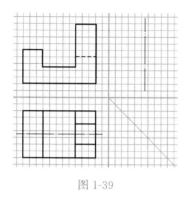

图 1-39

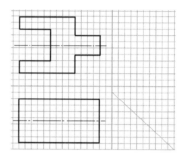

图 1-40

7.【DAS001】根据组合体的两面视图，补画第三面视图，如图 1-41 所示（删除辅助线）。

8.【DAK073】根据组合体的两面视图，补出第三面视图，如图 1-42 所示（删除辅助线）。

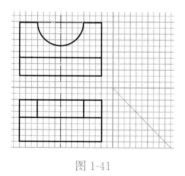

图 1-41

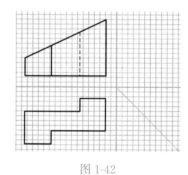

图 1-42

# 1.4 识图实训：绘制工程形体三视图

**工作页 4**

班级：＿＿＿＿＿＿＿ 姓名：＿＿＿＿＿＿＿ 学号：＿＿＿＿＿＿＿ 成绩：＿＿＿＿＿＿＿

1. 【DAK070】根据组合体的两面视图，补出第三面视图，如图 1-43 所示（删除辅助线）。

2. 【DAK062】根据组合体的两面视图，补出第三面视图，如图 1-44 所示（删除辅助线）。

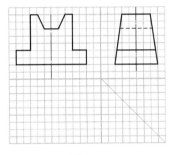

图 1-43

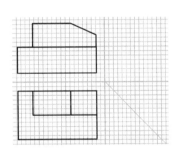

图 1-44

3. 【DAS060】根据组合体的两面视图，补出第三面视图，如图 1-45 所示（删除辅助线）。

4. 【DAS038】根据组合体的两面视图，补出第三面视图，如图 1-46 所示（删除辅助线）。

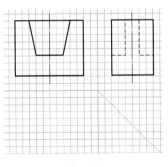

图 1-45

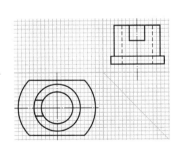

图 1-46

5. 【DAS033】根据组合体的两面视图，补出第三面视图，如图 1-47 所示（删除辅助线）。

6. 【DAS022】根据组合体的两面视图，补出第三面视图，如图 1-48 所示（删除辅助线）。

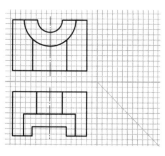

图 1-47

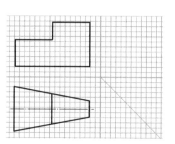

图 1-48

7. 【DAS021】根据组合体的两面视图，补出第三面视图，如图 1-49 所示（删除辅助线）。

8. 【DAS010】根据组合体的两面视图，补出第三面视图，如图 1-50 所示（删除辅助线）。

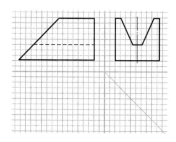

图 1-49

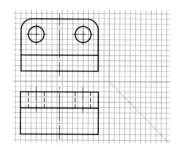

图 1-50

# 1.5 工程形体的剖、断面图

## 一、剖面图

### 1. 剖面图的形成

当形体的内部构造和形状较复杂时，投影图中不可见的轮廓线（虚线）和构件的轮廓线（实线）会出现交叉或重叠，这样既不利于尺寸标注，也会给识读带来不便，如图 1-51 所示。因此，在建筑制图中常采用剖视来解决这一问题，如图 1-52 所示。采用剖视原理绘制的图样为剖视图，剖视图分为剖面图和断面图。

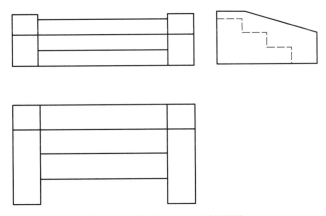

图 1-51 台阶的三面正投影图

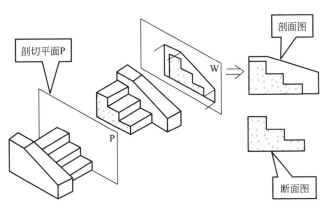

图 1-52 剖视图的形成

假想用一个剖切平面在形体的适当部位将其切开，移走剖切平面与观察者之间的部分，然后对剩余部分进行投影，所得到的图形称为剖面图。

剖面图除应画出剖切面切到部分的图形外，还应画出沿投射方向看到的部分；断面图则只需画出剖切面切到部分的图形。

1-6

认识剖面图

**2. 剖面图的绘制**

（1）剖切位置

剖切面位置用剖切位置线表达。剖切位置线的长度宜为 6～10mm。绘制时，剖视剖切符号不应与其他图线相接触，如图 1-53 所示。

（2）剖视方向

剖视方向即投射方向，用剖视方向线表达。剖视方向线应垂直于剖切位置线，长度应短于剖切位置线，宜为 4～6mm，如图 1-53 所示。

剖切位置线和剖视方向线统称剖切符号。

（3）剖切位置编号

为了区别多处剖切，应当对剖切面编号。剖视剖切符号的编号宜采用粗阿拉伯数字，按剖切顺序由左至右、由下向上连续编排，并应注写在剖视方向线的端部，如图 1-53 所示。

（4）剖面图图名注写

剖面图图名以剖面的编号来命名，数字中间用 3～5mm 短线连接，在下面画一粗实线表示，注写在剖面图的正下方，如图 1-53 所示。

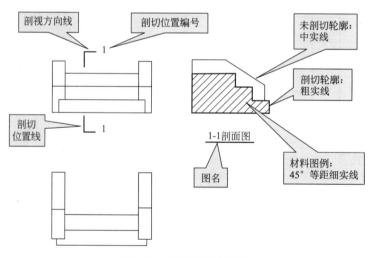

图 1-53　剖视图绘制要点

（5）剖面图中的图线和图例

剖面图上被剖切面切到部分的轮廓线用粗实线绘制；剖切面没有切到、但沿投射方向可以看到的轮廓线，用中实线绘制；不可见线不应画出，如图 1-53 所示。被剖切到的部分，按物体组成的材料画出剖面图图例，见表 1-6。未注明物体材料的用 45°等间距斜细实线表示，不同物体用相反 45°斜线分开。

常用建筑材料图例　　　　　　　　　表 1-6

| 序号 | 名称 | 图例 | 备注 | 序号 | 名称 | 图例 | 备注 |
|---|---|---|---|---|---|---|---|
| 1 | 自然土壤 |   | 包括各种自然土壤 | 15 | 多孔材料 | 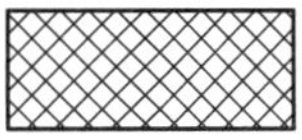  | 包括水泥珍珠岩、沥青珍珠岩、泡沫混凝土、软木、蛭石制品等 |
| 2 | 夯实土壤 |   | — | 16 | 纤维材料 | 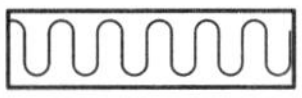  | 包括矿棉、岩棉、玻璃棉、麻丝、木丝板、纤维板等 |
| 3 | 砂、灰土 | 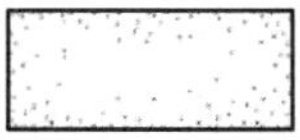  | — | 17 | 泡沫塑料材料 | 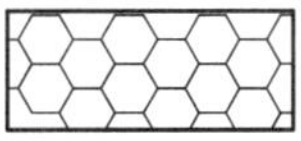  | 包括聚苯乙烯、聚乙烯、聚氨酯等多聚合物类材料 |
| 4 | 砂砾石、碎砖三合土 | 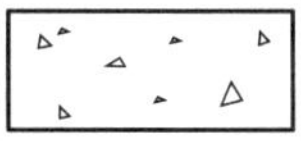  | — | 18 | 木材 |   | 1　上图为横断面,左上图为垫木、木砖或木龙骨<br>2　下图为纵断面 |
| 5 | 石材 | 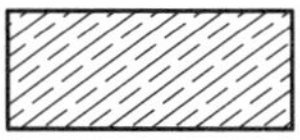  | — | 19 | 胶合板 | 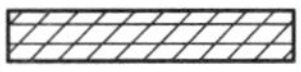  | 应注明为×层胶合板 |
| 6 | 毛石 | 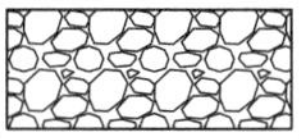  | — | 20 | 石膏板 | 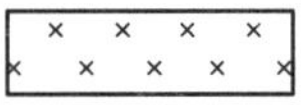  | 包括圆孔或方孔石膏板、防水石膏板、硅钙板、防火石膏板等 |
| 7 | 实心砖、多孔砖 | 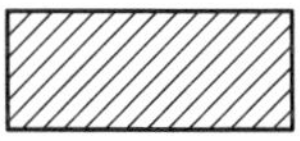  | 包括普通砖、多空砖、混凝土砖等砌体 | 21 | 金属 | 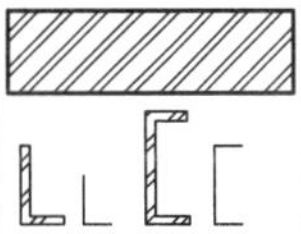  | 1　包括各种金属<br>2　图形较小时,可填黑或深灰(灰度宜70%) |
| 8 | 耐火砖 | 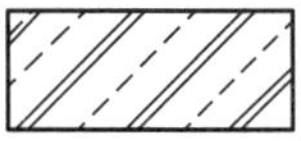  | 包括耐酸砖等砌体 | 22 | 网状材料 |   | 1　包括金属、塑料网状材料<br>2　应注明具体材料名称 |
| 9 | 空心砖、空心砌块 | 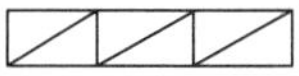  | 包括空心砖、普通或轻骨料混凝土小型空心砌块等砌体 | 23 | 液体 | 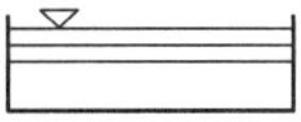  | 应注明具体液体名称 |
| 10 | 加气混凝土 | 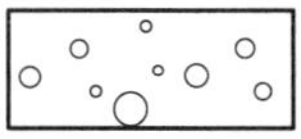  | 包括加气混凝土砌块砌体、加气混凝土墙板及加气混凝土材料制品等 | 24 | 玻璃 |   | 包括平板玻璃、磨砂玻璃、夹丝玻璃、钢化玻璃、中空玻璃、夹层玻璃、镀膜玻璃等 |
| 11 | 饰面砖 | 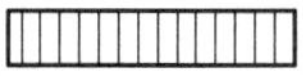  | 包括铺地砖、玻璃马赛克、陶瓷锦砖、人造大理石等 | 25 | 橡胶 |   | — |
| 12 | 焦渣、矿渣 | 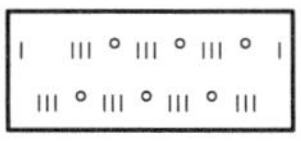  | 包括与水泥、石灰等混合而成的材料 | 26 | 塑料 | 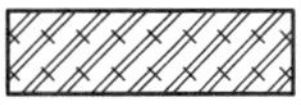  | 包括各种软、硬塑料及有机玻璃等 |
| 13 | 混凝土 | 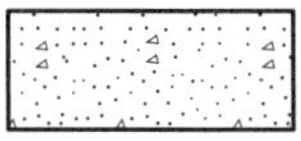  | 1　包括各种强度等级、骨料、添加剂的混凝土<br>2　在剖面图上绘制表达钢筋时,则不需绘制图例线<br>3　断面图形较小,不易绘制表达图例线时,可填黑或深灰(灰度宜70%) | 27 | 防水材料 |   | 构造层次多或绘制比例大时,采用上面的图例 |
| 14 | 钢筋混凝土 |   |  | 28 | 粉刷 | 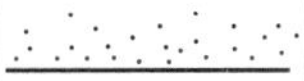  | 本图例采用较稀的点 |

注：1 本表中所列图例通常在 1：50 及以上比例的详图中绘制表达。
　　2 如需表达砖、砌块等砌体墙的承重情况时，可通过在原有建筑材料图例上增加填灰等方式进行区分，灰度宜为 25% 左右。
　　3 序号 1、2、5、7、8、14、15、21 图例中的斜线、短斜线、交叉线等均为 45°。

**3. 剖面图的种类**

剖面图按剖切方式分为全剖面图、半剖面图、阶梯剖面图、局部剖面图、展开剖面图。

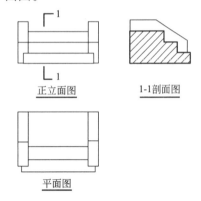

正立面图    1-1剖面图

平面图

图 1-54  台阶

（1）全剖面图

定义：用一个平行于基本投影面的剖切平面将形体全部剖开的方法称为全剖面图，如图 1-54 所示。

适用于：外部结构简单而内部结构相对比较复杂的形体。

注意：剖切后虽属同一剖切平面，但因其材料不同，故在材料图例分界处要用粗实线分开。

建筑平面图也是剖面图，建筑平面图剖切的位置一般选择在能反映建筑物内部结构特征、结构较为复杂与典型的部位，同时应通过门窗洞的位置，如图 1-55 所示。

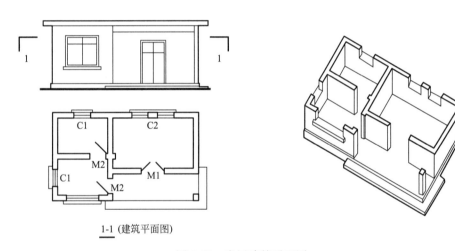

1-1 (建筑平面图)

图 1-55  房屋建筑平面图

建筑剖面图的剖切面为立面图的平行平面，用来表达建筑物在垂直方向的组合形式，反映建筑物在被剖位置上的层数、层高以及主要结构形式等（楼梯的结构、屋面形式、屋面坡度、檐口形式）。

（2）阶梯剖面图

定义：用两个或者两个以上相互平行且平行于基本投影面的剖切平面剖开物体的方法。

适用于：内部各结构的对称中心线不在同一对称平面上的物体。

注意：画阶梯剖面图时，在剖切平面的起始及转折处，均要用粗短线表示剖切位置和投影方向，同时注上剖面名称。如不与其他图线混淆时，直角转折处可以不注写编写。另外，由于剖切面是假想的，因此，两个剖切面的转折处不应画分界线，如图 1-56 所示。

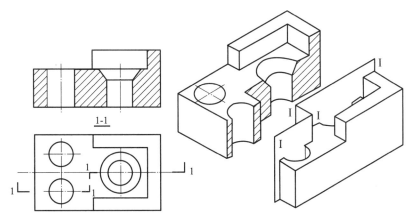

图 1-56　机件阶梯剖面图

（3）半剖面图

定义：当物体具有对称平面时，作剖切后在其形状对称的示图上，以对称线为界，一半画成剖面图，另一半画成视图，这样组合的图形叫半剖面图，如图 1-57 之 1-1 剖面图所示。

适用于：内外部结构相对比较复杂的形体。

注意：在半剖面图中，如果物体的对称线是竖直方向，则剖面部分应画在对称线的右边；如果物体的对称线是水平方向，则剖面部分应画在对称线的下边。

另外，在半剖面图中，因内部情况已由剖面图表达清楚，故表示外形的那半边一律不画虚线，只是在某部分形状尚不能确定时，才画出必要的虚线。

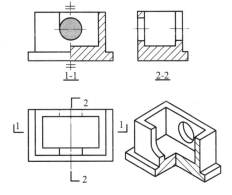

图 1-57　机件的半剖与全剖面图

【小提示】半剖面图的剖切符号一律不标注。

半剖面图也可以理解为假想把物体剖去四分之一后画出的投影图，但外形与剖面的分界线应用对称线画出。

（4）局部剖面图

定义：当形体内部个别部分比较复杂，或分层构造的形体需要同时表示时，用剖切平面局部剖开形体或分层剖开形体，所得到的剖面图称为局部剖面图，如图 1-58 和图 1-59 所示。

适用于：表达楼面、墙体、地面和屋面的构造。

（5）展开剖面图

定义：用两个或两个以上相交的剖切面（剖切面的交线应垂直于某投影面）剖切物体后，将倾斜于投影面的剖面绕其交线旋转展开到与投影面平行的位置，再进行透射，这样所得的剖面图就称为展开剖面图或旋转剖面图，如图 1-60 所示。

【小提示】用此法剖切时，应在剖面图的图名后加注"展开"字样。

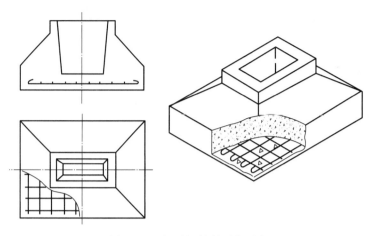

图 1-58　独立基础局部剖面图

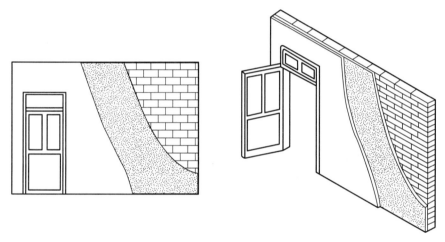

图 1-59　墙面装修分层剖面图

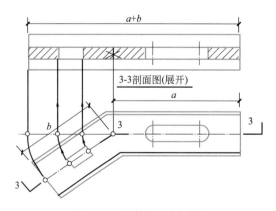

图 1-60　机件展开剖面图

画旋转剖画图时，应在剖切平面的起始及相交处用粗短线表示剖切位置，用垂直于剖切线的粗短线表示投影方向，如图 1-60 和图 1-61 所示。

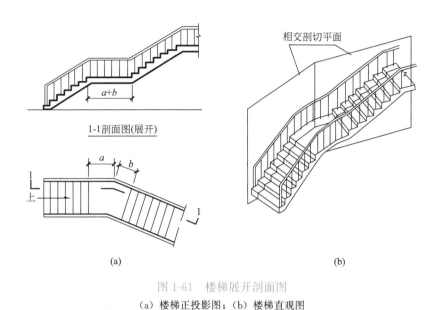

图 1-61  楼梯展开剖面图

（a）楼梯正投影图；（b）楼梯直观图

## 二、断面图

### 1. 断面图的概念

假想用剖切平面将物体切断，仅画出该剖切面与物体接触部分的图形，并在该图形内画上相应的材料图例，这样的图形称为断面图。

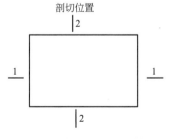

图 1-62  断面图的剖切符号

### 2. 断面图的剖切符号

断面图的剖切符号仅用剖切位置线表示，如图 1-62 所示。剖切位置线仍用粗实线绘制，长度约为 6 ～ 10mm。断面图剖切符号的编号宜采用阿拉伯数字。编号所在的一侧应为该断面的剖视方向。

认识断面图

### 3. 断面图的种类

根据断面图在视图中的位置，可分为移出断面图、重合断面图、中断断面图三种。

（1）移出断面图：将断面图画在物体投影轮廓线之外，称为移出断面图。如图 1-63 所示。

（2）中断断面图：将断面图画在杆件的中断处，称为中断断面图。如图 1-64 所示。断开处用折断线表示，圆形构件要采用曲线折断线表示。常用来表示金属或木质材料制成的构件横断面。

（3）重合断面图：将断面图直接画在形体的投影图上，这样的断面图 称为重合断面图，如图 1-65 所示。在建筑工程图中，常用重合断面表示楼板或屋面（图 1-66）重合断面图。

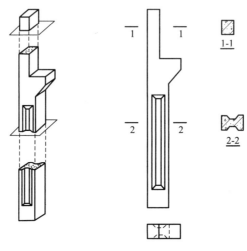

图 1-63　移出断面图

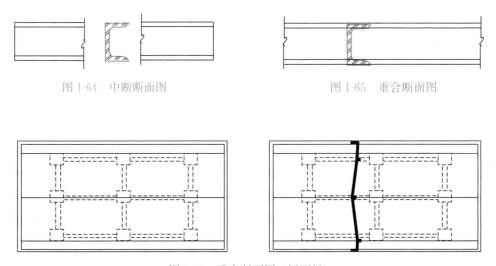

图 1-64　中断断面图　　　　　　　　　　　图 1-65　重合断面图

图 1-66　重合断面图（屋面板）

## 三、剖面图与断面图的关系

【小提示】断面图与剖面图的区别在于：

断面图只画出形体被剖切后与剖切平面相交部分的断面图形，而剖面图还要按投影方向将可见形体轮廓线的投影画完，如图 1-67 所示。由此可以判断，剖面图包含断面图，断面图是剖面图的一部分。

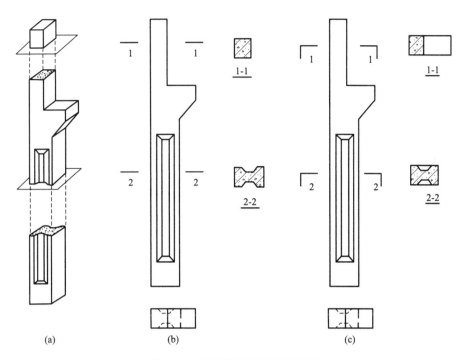

图 1-67 剖面图与断面图的区别

（a）剖切位置；（b）断面图；（c）剖面图

# 1.6　识图实训：绘制工程形体的剖、断面图

**工作页 1**

班级：＿＿＿＿＿＿　姓名：＿＿＿＿＿＿　学号：＿＿＿＿＿＿　成绩：＿＿＿＿＿＿

1. 剖面图如何形成的？剖视的目的是什么？

2. 掌握剖面图的画法

（1）剖面图的剖切符号由＿＿＿＿＿＿及＿＿＿＿＿＿组成，均应以＿＿＿＿线绘制。

（2）剖切位置线的长度宜为＿＿＿＿mm；投射方向线长度为＿＿＿＿mm，应垂直于＿＿＿＿线。

（3）剖切符号的编号宜采用＿＿＿＿＿＿（字母或数字）；剖面图的图名用位置编号来表示。

（4）被剖切处截面图形的轮廓线用＿＿＿＿线表示；未剖切到但在投影时仍可见的轮廓线用＿＿＿＿线表示；不可见的轮廓线＿＿＿＿（绘制/不绘制）。

（5）画剖面图时在截断面部分应画上形体相应的材料图例，当不要求注明材料种类时，可用等间距同方向的＿＿＿＿来绘制。

3. 了解剖面图的分类和用途

| | 定义 | 应用场合 |
|---|---|---|
| 全剖 | | |
| 阶梯剖 | | |
| 半剖 | | |
| 局部剖 | | |
| 旋转剖 | | |

4. 熟悉常见建筑材料图例。

5. 完成指定截面剖面图。

（1）

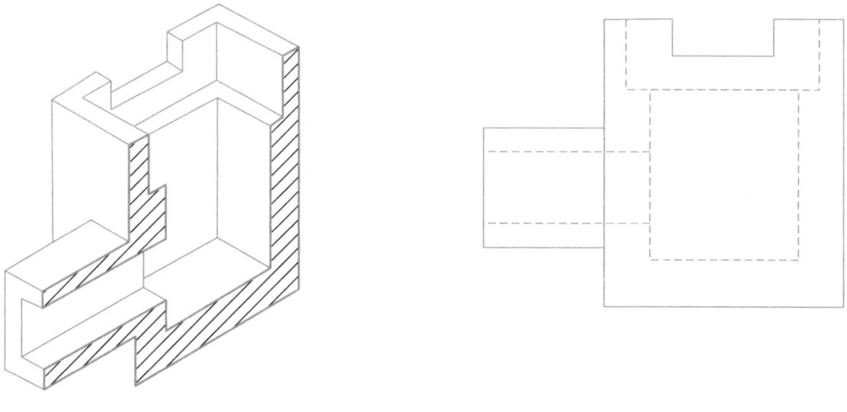

图 1-68

（2）

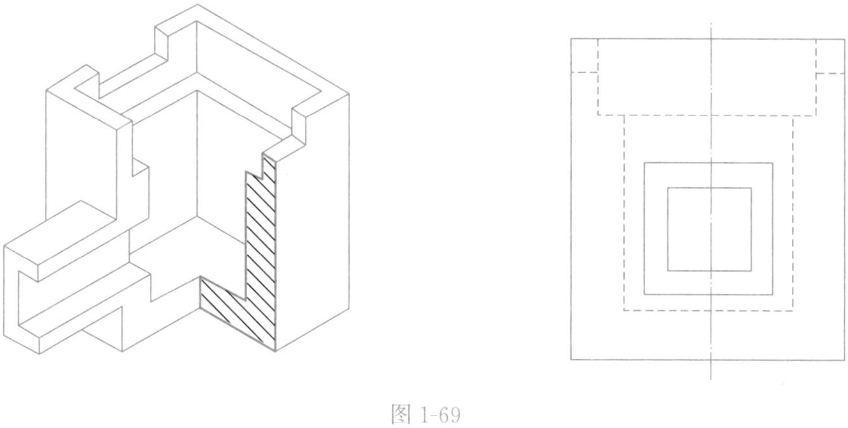

图 1-69

（3）

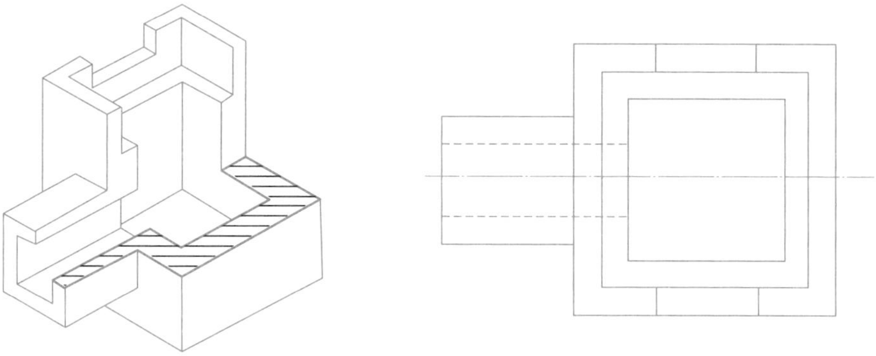

图 1-70

# 1.6 识图实训：绘制工程形体的剖、断面图

**工作页 2**

班级：_____ 姓名：_____ 学号：_____ 成绩：_____

1. 完成指定剖面图。

（1）作台阶 1-1 剖面图。 （2）作构件 1-1 剖面图。

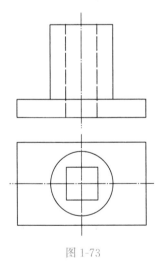

图 1-71 图 1-72

（3）作正立面的半剖视图。 （4）作杯形独立基础构件详图（表达底面钢筋）。

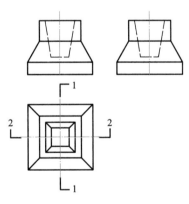

图 1-73 图 1-74

2. 画出现浇钢筋混凝土梁板式楼板的 2-2 剖面图。

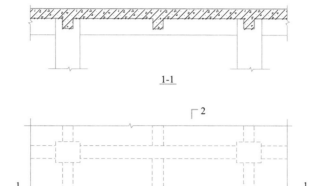

1-1

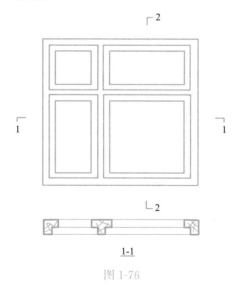

图 1-75

3. 画出木窗框的 2-2 剖面图。

2

1                    1

2

1-1

图 1-76

# 1.6 识图实训：绘制工程形体的剖、断面图

## 工作页 3

班级：_____ 姓名：_____ 学号：_____ 成绩：_____

1. 从表达内容和画图规定两方面比较剖面图与断面图的区别。

| 比较 | 表达内容 | 画图规定 |
|------|----------|----------|
| 剖面图 | | |
| 断面图 | | |

2. 完成指定截面的断面图。

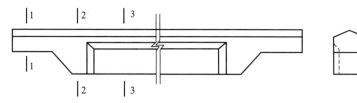

图 1-77

3. 画出地下窨井框的 3-3、4-4 断面图。

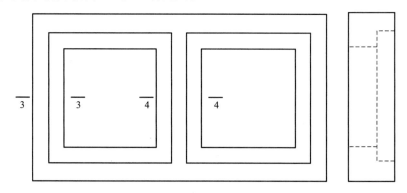

图 1-78

4. 画出牛腿柱指定截面的断面图。

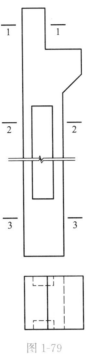

图 1-79

5. 已知槽钢的投影,把断面图画在槽钢的中断处。

 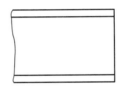

图 1-80

6. 已知丁字板的投影,画出重合断面图。

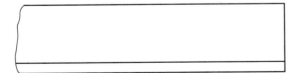 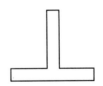

图 1-81

# 1.6 识图实训：绘制工程形体的剖、断面图

## 工作页4

班级：_____ 姓名：_____ 学号：_____ 成绩：_____

1. 已知建筑门洞的立面与平面图，1-1剖面图绘制正确的是（　）。

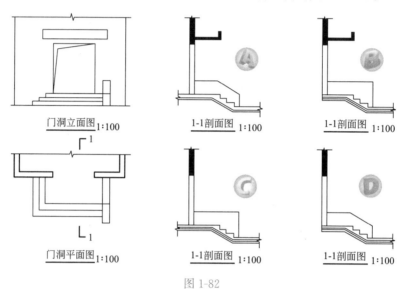

图 1-82

2. 已知建筑的平面图与立面图，1-1剖面图绘制正确的是（　）。

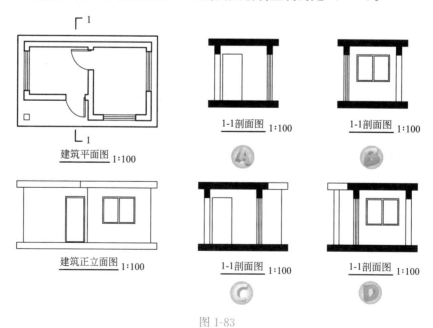

图 1-83

3. 已知构件的立面与平面图, 1-1 断面图绘制正确的是 ( )。

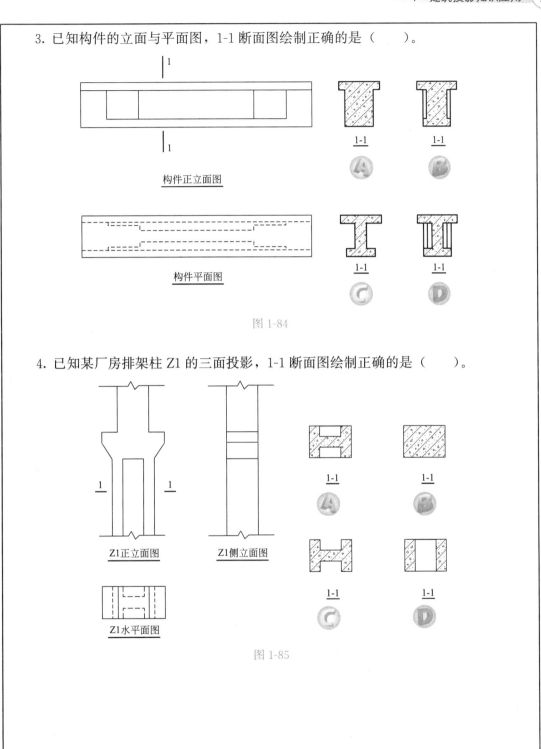

图 1-84

4. 已知某厂房排架柱 Z1 的三面投影, 1-1 断面图绘制正确的是 ( )。

图 1-85

# 1.7  工程形体的轴测图

## 一、轴测投影的相关概念

### 1. 轴测投影的产生

工程上一般采用正投影法绘制物体的投影图，即多面正投影图。它能完整、准确地反映物体的形状和大小，且作图简单，但立体感不强，只有具备一定读图能力的人才看得懂。为了帮助人们读懂正投影视图，有时工程上采用轴测图作为辅助图样。

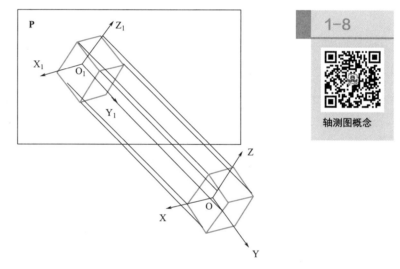

1-8

轴测图概念

图 1-86  轴测投影的产生

轴测图（也称轴测投影）是把空间物体和确定其空间位置的直角坐标系按平行投影法沿不平行于任何坐标面的方向投影到单一投影面上所得的图形，如图 1-86 所示。轴测图用轴测投影的方法画出来，有较强的立体感，接近人们的视觉习惯。

轴测投影被选定的单一投影 P，称为轴测投影面。直角坐标轴 OX、OY、OZ 在轴测投影 P 上的轴测投影 $O_1X_1$、$O_1Y_1$、$O_1Z_1$，称为轴测投影轴，简称轴测轴。

轴间角：轴测投影中任意两根直角坐标轴在轴测投影面上的投影之间的夹角，称为轴间角，表示为 $\angle X_1O_1Y_1$、$\angle X_1O_1Z_1$、$\angle Y_1O_1Z_1$。轴间角控制轴测投影的形状变化。

轴向伸缩系数：直角坐标轴的轴测投影的单位长度与相应直角坐标轴上的单位长度的比值，称为轴向伸缩系数。其中，用 $p$ 表 $O_1X_1$ 轴轴向伸缩系数，$q$ 表示 $O_1Y_1$ 轴轴向伸缩系数，$r$ 表示 $O_1Z_1$ 轴轴向伸缩系数。轴向伸缩系数控制轴测投影的大小变化。

### 2. 轴测投影的基本性质

轴测图具有平行投影的所有特性。

平行性：物体上互相平行的线段，在轴测图上仍互相平行。

定比性：物体上两平行线段或同一直线上的两线段长度之比，在轴测图上保持不变。

实形性：物体上平行轴测投影面的直线和平面，在轴测图上反映实长和实形。

## 二、轴测投影的分类与特点

轴测图根据投射线方向和轴测投影面的位置不同可分为两大类，如图 1-87 （a) 所示。

正轴测图：投射线方向垂直于轴测投影面，如正等轴测图。

斜轴测图：投射线方向倾斜于轴测投影面，如斜二轴测图。

轴测图还可根据轴向伸缩系数的异同分成等测、二测和三测三种，如图 1-87 （b) 所示。

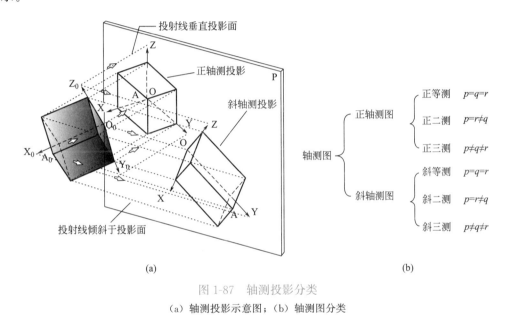

图 1-87　轴测投影分类

(a) 轴测投影示意图；(b) 轴测图分类

工程上常用的两种轴测图是正等轴测图（简称正等测）和斜二轴测图（简称斜二测）。

## 三、正等轴测图及其画法

### 1. 形成

将形体放置成使它的三条坐标轴与轴测投影面具有相同的夹角（约 $35°16'$），然后向轴测投影面作正投影。用这种方法作出的轴测图称为正等轴测图，简称正等测，如图 1-88 所示。

### 2. 正等轴测图的特点

（1）在正等轴测图中，三个轴间角相等，都是 $120°$。其中 $O_1Z_1$ 轴规定画成铅垂方向。

（2）三个轴向伸缩系数相等，即 $p=q=r=0.82$。

为了简化作图，取 $p=q=r=1$。采用简化伸缩系数画出的正等轴测图，三个轴向尺寸都放大了约 1.22 倍，但这并不影响正等轴测图的立体感以及物体各部分的比例。

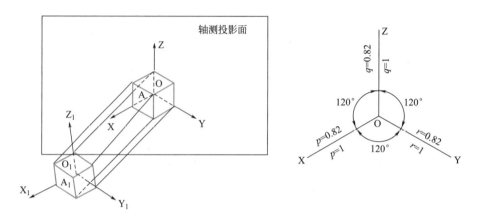

图 1-88　正等轴测投影特点

### 3. 正等轴测图的画法

作几何体正等轴测图的最基本的方法是坐标法，对于复杂的物体，可以根据其形状特点，灵活运用切割法、叠加法、综合法等作图方法。下面举例说明轴测图的画法。

（1）坐标法

根据物体的特点建立合适的坐标轴，然后按坐标法画出物体上各顶点的轴测投影，再由点连成物体的轴测图。

如图 1-89 所示，已知正六棱柱的两视图，画其正等轴测图。

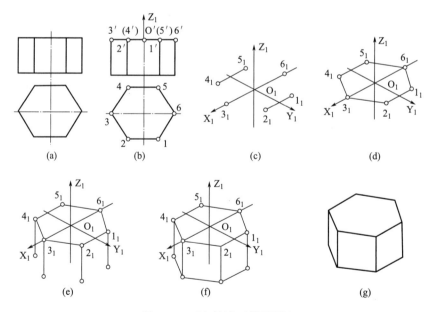

图 1-89　正六棱准正等测画法

（a）六棱柱两视图；（b）建立坐标系；（c）画六棱柱顶面角点；

（d）画六棱柱顶面各边；（e）画侧棱；（f）画六棱柱底面各边；

（g）加粗可见轮廓，清理图面

作图方法和步骤如下：

A. 在二视图上确定坐标原点和坐标轴，如图 1-89（b）所示。

B. 作轴测轴，然后按坐标分别作出顶面各角点的轴测投影，如图 1-89（c）所示；将顶面角点依次连接起来，即得顶面的轴测图，如图 1-89（d）所示。

C. 过顶面各角点分别作 $O_1Z_1$ 的平行线，并在其上向下量取高度 $H$，得棱柱底面各角点的轴测投影图，如图 1-89（e）所示。

D. 依次连接棱柱底面各角点，得底面的轴测图，如图 1-89（f）所示；擦去多余的作图线并加深可见轮廓线，即完成了正六棱柱的正等轴测图，如图 1-89（g）所示。

（2）切割法

对于切割形物体，首先将物体看成是一定形状的整体，并画出其轴测图，然后再按照物体的形成过程逐一切割，相继画出被切割后的形状（图 1-90）。

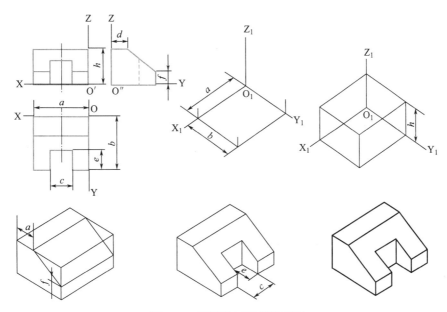

图 1-90 切割法画正等轴测图

（3）叠加法

对于叠加物体，运用形体分析法将物体分成几个简单的形体，然后根据各形体之间的相对位置依次画出各部分的轴测图，即可得到该物体的轴测图。

根据图 1-91 所示组合体的三视图，用叠加法画其正等轴测图。

将物体看作由Ⅰ、Ⅱ、Ⅲ三部分叠加而成。

1）画轴测轴，定原点位置，画Ⅰ部分的正等轴测图。

2）在Ⅰ部分的正等轴测图的相应位置上画出Ⅱ部分的正等轴测图。

3）在Ⅰ、Ⅱ部分正等轴测图的相应位置上画出Ⅲ部分的正等轴测图。

4）整理图形，加深图线，得这个物体的正等轴测图。

用叠加法绘制轴测图时，应首先进行形体分析，然后注意各形体间的叠加面，不要弄错了叠加位置。

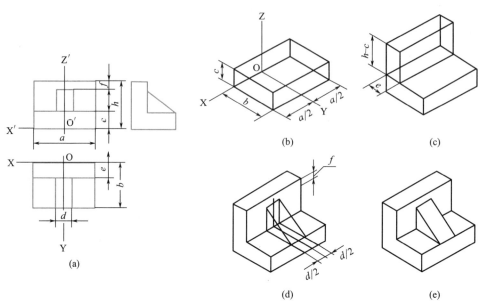

图 1-91　叠加法画正等轴测图

（a）三视图；（b）画底板；（c）画立板；

（d）画肋板；（e）加粗可见轮廓，清理图面

（4）综合法

综合法是坐标法、切割法、叠加法三种方法的综合运用，如图 1-92 所示。

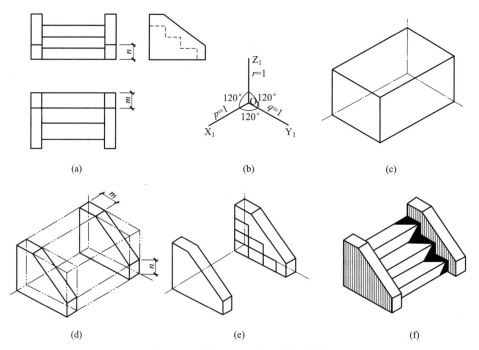

图 1-92　综合法画台阶正等轴测图

（a）正投影图；（b）轴测轴；（c）作长方体箱子；（d）切割为栏板；（e）作台阶端面；（f）完成全图

## 四、斜二轴测图及其画法

### 1. 形成

如图 1-93 所示，如果使物体的 XOZ 坐标面对轴测投影面处于平行的位置，采用斜投影法也能得到具有立体感的轴测图，这样所得到的轴测投影就是斜二测轴测图，简称斜二测图。

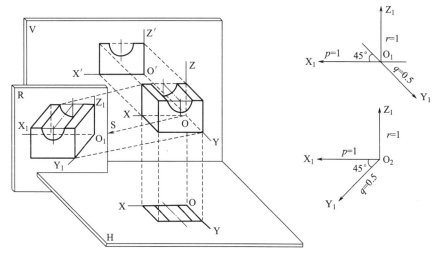

图 1-93　斜二轴测投影特点

### 2. 斜二轴测图的特点

（1）三个轴间角依次为：$\angle X_1 O_1 Z_1 = 90°$、$\angle X_1 O_1 Y_1 = \angle Y_1 O_1 Z_1 = 135°$。其中 $O_1 Z_1$ 轴规定画成铅垂方向且向上为正，如图 1-93 所示。

（2）三个轴向伸缩系数分别为：$p = r = 1$，$q = 0.5$，如图 1-93 所示。

（3）平行于 XOZ 平面的任何图形，在斜二轴测图上均反映实形。

由平行投影的实形性可知，平行于 XOZ 平面的任何图形，在斜二轴测图上均反映实形。因此平行于 XOZ 坐标面的圆和圆弧，其斜二测投影仍是圆和圆弧。平行于 XOY、YOZ 坐标面的圆，其斜二测投影均是椭圆，这些椭圆作图较繁。

因此，斜二轴测图主要用于表达仅在平行于 XOZ 坐标面上形状复杂且 OY 方向尺寸单一的物体。如图 1-93 所示的几何体，平行于 XOZ 坐标面上有圆弧、OY 方向尺寸单一，斜二测表达时圆为全等形，便于绘制。当物体在两个或两个以上方向有圆或圆弧时，通常采用正等测的方法绘制轴测图。

### 3. 斜二轴测图的画法

作几何体斜二轴测图与正等轴测图的方法和步骤是相同的，常用坐标法、叠加法、切割法、综合法等方法。区别之处在于轴间角和轴向伸缩系数的不同。下面举例说明轴测图的画法。

（1）四棱台的斜二测画法思路，如图 1-94 所示。

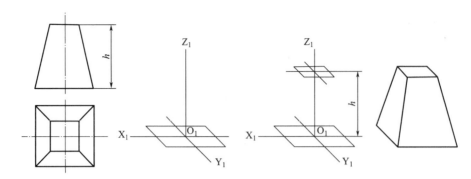

图 1-94　四棱台的斜二轴测画法

（2）端盖的斜二测画法思路，如图 1-95 所示。

分析：端盖的形状特点是在一个方向的相互平行的平面上有圆。如果画成正等测图，会由于椭圆数量过多而显得烦琐，可以考虑画成斜二测图。作图时选择各圆的平面平行于坐标面 XOZ，即端盖的轴线与 Y 轴重合，画图相对简便。

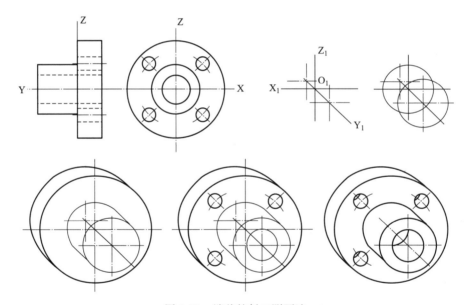

图 1-95　端盖的斜二测画法

# 1.8　识图实训：绘制工程形体的轴测图

## 工作页 1

班级：＿＿＿＿＿　姓名：＿＿＿＿＿　学号：＿＿＿＿＿　成绩：＿＿＿＿＿

1. 比较三视图和轴测图的优点和缺点。

|  | 优点 | 缺点 |
|---|---|---|
| 三视图 |  |  |
| 轴测图 |  |  |

2. 常见轴测投影图要素比较。

|  | 轴间角 | | | 轴向变形系数（画图时取值） | | |
|---|---|---|---|---|---|---|
|  | $\angle X_1O_1Y_1$ | $\angle X_1O_1Z_1$ | $\angle Z_1O_1Y_1$ | $p$ | $q$ | $r$ |
| 正等侧 |  |  |  |  |  |  |
| 斜二测 |  |  |  |  |  |  |

3. 根据三视图画正等轴测图。

（1）

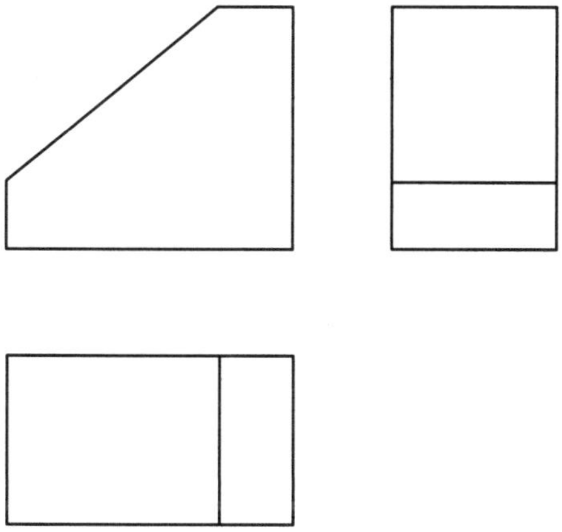

（2）

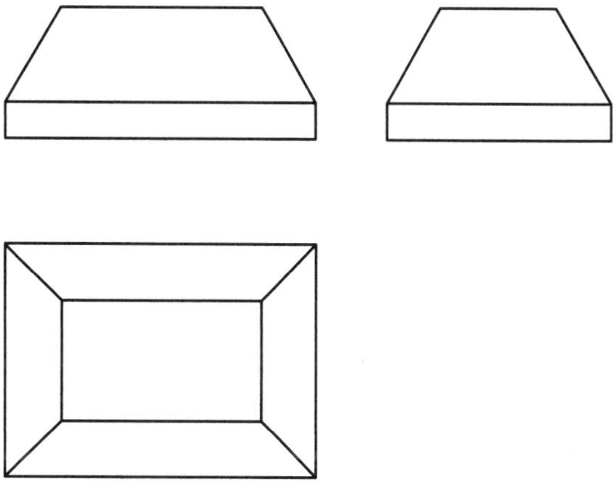

图 1-96　　　　　　　　　　图 1-97

（3）　　　　　　　　　　　　　　　　（4）

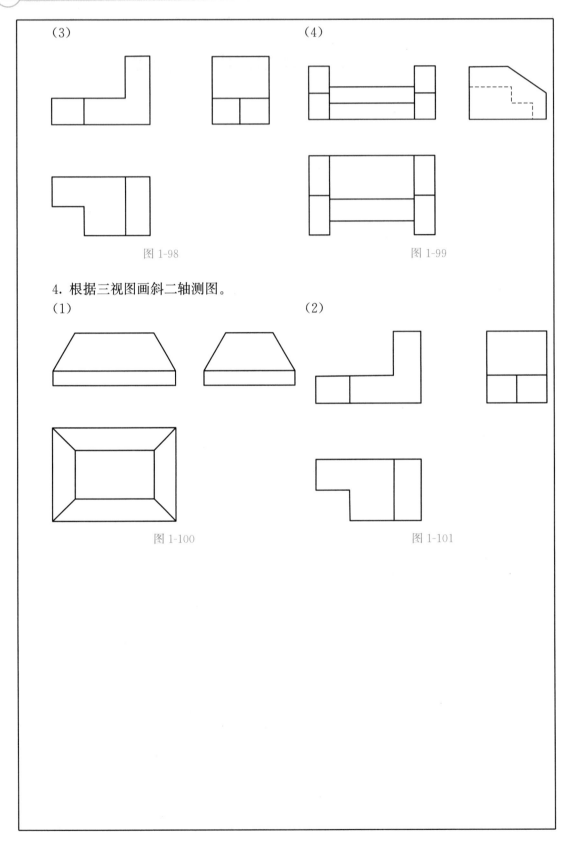

图 1-98　　　　　　　　　　　　　　　图 1-99

4. 根据三视图画斜二轴测图。

（1）　　　　　　　　　　　　　　　　（2）

图 1-100　　　　　　　　　　　　　　　图 1-101

# 1.8 识图实训：绘制工程形体的轴测图

**工作页2**

班级：_____ 姓名：_____ 学号：_____ 成绩：_____

根据给出的正投影图画轴测图（自选正等测或斜二测）。

（1）

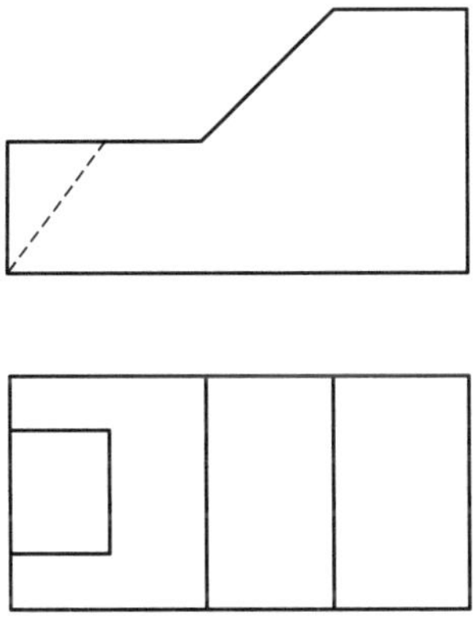

图 1-102

（2）

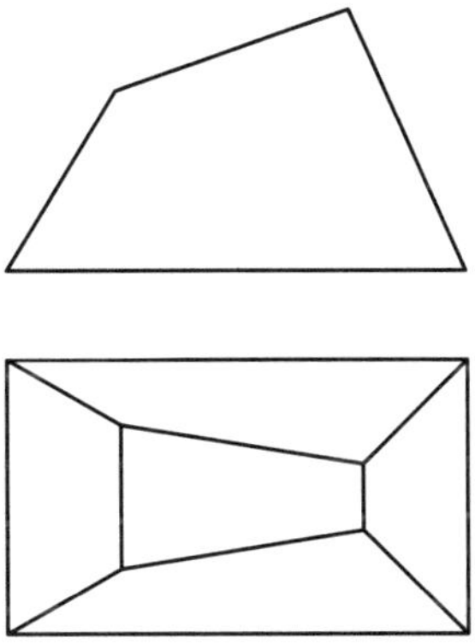

图 1-103

（3）

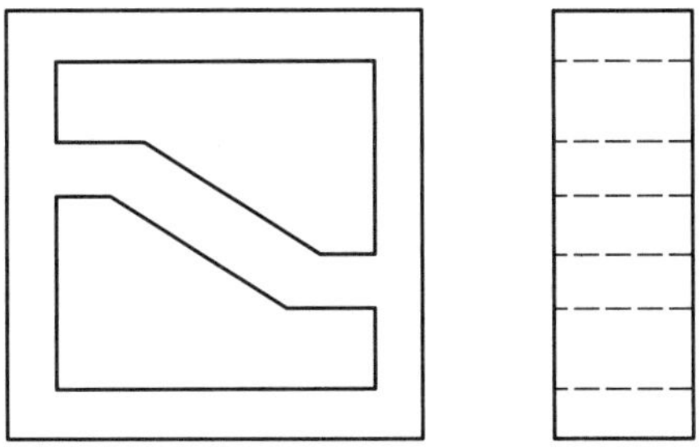

图 1-104

（4）

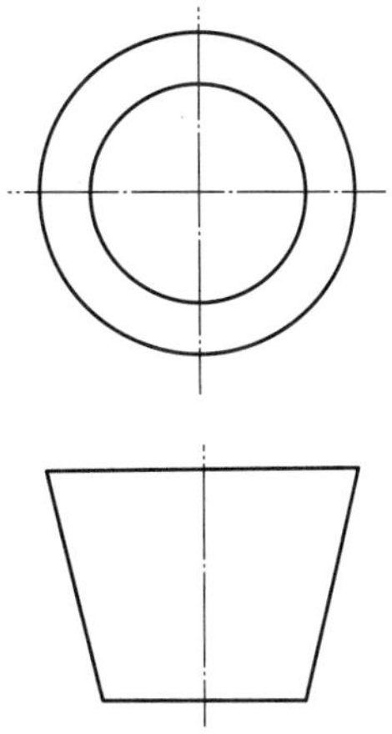

图 1-105

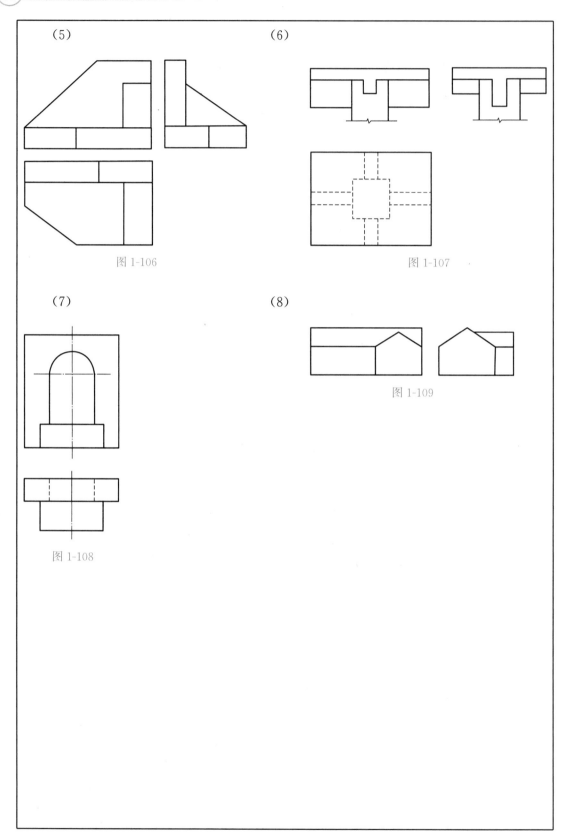

（5）

图 1-106

（6）

图 1-107

（7）

图 1-108

（8）

图 1-109

# 2　建筑制图标准应用

　　历时5年，每天工作10小时，中国古建筑榫卯非遗传承人、微缩营造技艺开创者王震华以10万道工序、7108个不编号零件，全榫卯工艺营造创作出一座微缩81倍的天坛祈年殿模型，如图2-1所示。这座祈年殿，是按照力学原理，像建真正的房子那样搭建而成，窗上有雕花，窗户可开合，小小的一扇门，竟然是由八个以毫厘计算的零件拼接而成。该作品获世界手工艺产业博览会暨非物质文化遗产保护成果展"国匠杯"金奖。

　　为使微缩榫卯结构在力学上获得验证，王震华再用2年，不用一颗钉子、一滴胶水，以20多万道工序、7169个不编号零件、12个鲁班锁，完成微缩版全榫卯"赵州桥"，如图2-2所示，并完成30kg静压试验和15kg动压试验。

　　以刀为器，匠心打磨，时间掺杂着木屑，诉说岁月未逝、繁华永存的韵味。每一件成品散发出的静谧感，都诠释着匠人"择一事做一生"的执着。"五年一座殿，两年一座桥"，展现了中国古建筑的无穷魅力，王震华以极致的态度对产品精雕细琢，精益求精、追求完美，践行了工匠精神。

图2-1　祈年殿微缩模型

图2-2　赵州桥微缩模型

# 2.1 建筑工程施工图概述

## 一、房屋的组成

一般民用建筑是由基础、墙或柱、楼板层、楼梯、屋顶、门窗等主要部分组成。如图 2-3 所示为一幢住宅构造组成。

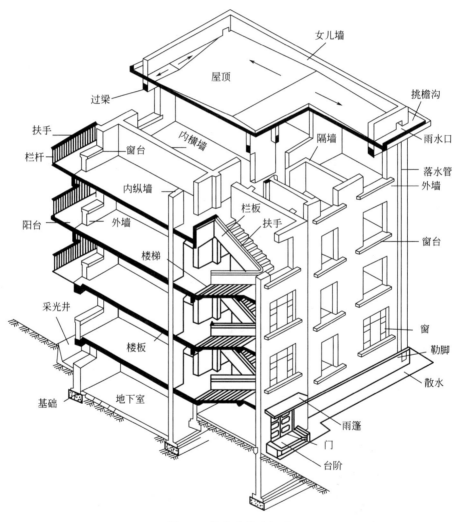

图 2-3 某住宅构造组成

### 1. 基础

基础是建筑物埋在地面以下的最下部分。它承受着建筑物的全部荷载，并把这些荷载传给地基，所以要求基础坚固稳定、耐水、耐腐蚀、耐冰冻，防止不均匀沉降和延长使用寿命。

### 2. 墙或柱

墙或柱是房屋的垂直承重构件，有些建筑由墙承重，有些建筑由柱承重。墙和柱承受屋顶楼层传来的各种荷载，并传给基础。外墙同时也是建筑物的围护构件，抵御风雨、雪及寒暑对室内的影响，内墙同时起分隔作用。作为承重构件的柱和墙，要求坚固稳定，即强度与刚度应满足要求。作为围护和分隔构件的非承重墙，宜尽量采用轻质保温、隔声、薄壁的材料。

### 3. 楼板层

在楼房建筑中，楼板层是水平方向的承重和分隔构件，它将楼层的荷载通过楼板传给柱或墙。楼板层对墙体还有水平支撑作用，层高愈小的建筑刚度愈好。楼板层由楼、楼面和顶棚组成。楼板层要求坚固、刚度大、隔声好、防渗漏。

### 4. 地面

首层室内地坪称为地面，它仅承受首层室内的活荷载和本身自重，通过垫层传到土层上。

### 5. 楼梯

楼梯是楼房中联系上下层的垂直交通设施，也是火灾、地震时的紧急疏散通道，故应有足够的通行能力和坚固、稳定、防火、防滑等保证。

### 6. 屋顶

屋顶是建筑物顶部的承重和围护结构，由承重结构和屋面组成。承重结构部分要承受自重、雪、风和检修荷载；屋面要承担保温、隔热、防水、隔汽等任务。

### 7. 门窗

门是供人们出入和搬运家具设备的出入口，也是紧急疏散口，兼有采光通风作用。窗是具有采光、通风、眺望等功能的设施，要求具有隔声、保温、防风沙等功能。

### 8. 其他

房屋除上述基本组成外，还有台阶、雨篷、雨水管、通风道、垃圾道、烟道、电梯、阳台、壁橱等配件和设施，可根据建筑的使用要求设置。

房屋是供人们生活、生产、学习工作和娱乐的场所，与我们的生活密切相关。房屋工程是一个系统的工程，有建筑工程、结构工程、设备工程、装饰工程等多种专业相互配合，按照各专业的设计要求施工并达到国家的验收规范标准。整个过程涉及的内容多、技术性强，所以指导施工的图纸必须详尽、准确并便于识读。

建筑工程图主要由建筑施工图、结构施工图、设备施工图组成。本教材重点介绍建筑施工图的识读及绘图技能。

## 二、施工图的产生过程及内容

房屋的设计工作一般分为初步设计和施工图设计两个阶段。对于一些较大或技术上比较复杂、设计要求高的工程，还应在两个设计阶段之间增加技术设计阶段。初步设计阶段及技术设计阶段可合起来称为扩大初步设计阶段。

1. 初步设计阶段：根据有关政策、规划方案、地质条件及建设单位提出的设计要求，进行调查研究、收集资料，提出初步设计图纸。该图纸内容包括简略的平面、立面及剖面，初步设计概算，基本的建筑模型及设计说明等。初步设计阶段的图纸和文件只能作为方案研究和审批之用，不能作为施工的依据。

2. 技术设计阶段：在已经审批的初步设计方案基础上，进一步解决各种技术问题，协调各工种之间的矛盾，进行深入的技术经济比较及计算等。

3. 施工图设计阶段：在已经审批的初步设计图或技术设计基础上，绘制出能反映房屋整体及细部详尽的整套建筑施工图纸，作为建筑施工及概预算的依据。

一套完整的施工图应该包括建筑施工图（简称建施，JS）、结构施工图（简称结施，GS）、设备施工图（水、电、暖通等）、装修施工图。绘制施工图是一项复杂、细致的工作，施工图纸必须符合现行建筑制图标准和设计规范，图样要求表达清晰、前后统一、比例适当、尺寸齐全、图面整洁美观等。

## 三、建筑施工图作用和组成

建筑施工图主要是表示建筑的规划位置、外部造型、内部各房间的布置、内外装修、构造及施工要求等，同时对建筑面积、高度、各层房间功能、细部构造的定型和定位等技术经济指标做出明确说明。

一套完整的建筑施工图应该包括建筑施工图首页、建筑总平面图、建筑平面图、建筑立面图、建筑剖面图、建筑详图等图样。如果还有相关的技术问题，则还需做专门的说明，如防火专篇、节能专篇等。

## 四、建筑施工图的图示特点

### 1. 图样均采用正投影原理绘制

建施图中的所有图样均采用在空间第一象限角采用正投影进行绘制。对于简单的建筑形体，一般在水平面（H 面）做平面图，在正平面（V 面）和侧平面（W 面）做立面图和剖面图，就可以表达清楚。对于复杂的工程形体，我们需要在与 H、V、W 三个投影面相对并平行的位置上设立 $H_1$、$V_1$、$W_1$ 三个新投影面，这样就组成了六面投影体系，就可以将形体的各个侧面情况反映清楚，如图 2-4 所示。

如果一栋建筑的平、立、剖可以画在同一张图纸上，则需按照投影原则绘制，即平面图在正下方、立面图在正上方、剖面图在右上方，且应符合"长对正、高平齐、宽相等"的原则。由于建筑形体较大，一般需要单独画出各个部分图样。无论图样是否在一张图纸上，都要在图名下方注写相应的图名，并画上图名线（粗实线）并注写比例。

### 2. 图样根据需要采用不同的比例绘制

一般情况下，建施图中总平、平、立、剖等图样采用较小比例绘制，而构造详图用较

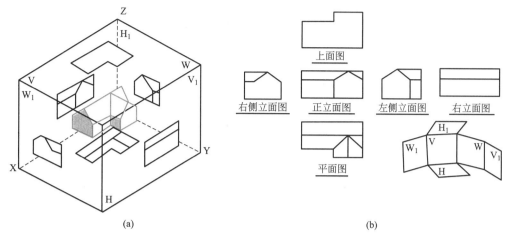

图 2-4 六面投影体及物体正投影

(a) 六面投影体系；(b) 六面投影的展开及布图

大比例绘制。施工图常用比例见表 2-1。

施工图常用比例 表 2-1

| 图名 | 常用比例 | 必要时可以增加的比例 |
|---|---|---|
| 总平面图 | 1：500、1：1000、1：2000 | 1：2500、1：5000、1：10000 |
| 总图专业的断面图 | 1：100、1：200、1：1000、1：2000 | 1：500、1：5000 |
| 平面图、立面图、剖面图 | 1：50、1：100、1：200 | 1：150、1：300 |
| 次要平面图 | 1：300、1：400 | 1：500 |
| 详图 | 1：1、1：2、1：5、1：10、1：20、1：25、1：50 | 1：3、1：4、1：30、1：40 |

### 3. 图例、符号及标准图集

为了加快设计和施工进度，加强图纸的流通性，把房屋工程中常用的大量重复出现的构配件如门窗、台阶、面层做法等按统一的模数、不同的规格设计成系列施工图，供设计部门、施工企业选用，这样的图样我们称之为标准图，装订成册后称为标准图集。

标准图集可以分为国家标准图集（如建筑国家图集 22G101）、地方标准图集（如西南图集 18J201）、设计单位编著的标准图集。原则上地方标准图集不应与国家标准图集相冲突。

一般建筑构件标准图集用"G"或"结"来表示，建筑配件标准图集用"J"或"建"来表示。

## 2.2 建筑制图的基本规定

建筑工程图是表达建筑工程设计意图的重要手段，是建筑工程造价确定、施工、监理、竣工验收的主要依据。为使建筑从业人员能够看懂建筑工程图，以及用图样来交流技术思想，就必须制定统一的制图规则作为制图和识图的依据。例如图幅大小、图线画法、字体书写、尺寸标注等。为此，国家制定了全国统一的建筑工程制图标准，其中《房屋建筑制图统一标准》GB/T 50001—2017 是各相关专业的通用部分。除此以外还有总图、建筑、结构给水排水和供暖通风等相关专业的制图标准。

# 一、图纸幅面和格式

### 1. 标准图幅

建筑工程图纸的幅面规格共有五种，从大到小的幅面代号为 A0、A1、A2、A3 和 A4，幅面的尺寸见表 2-2。

基本幅面及图框尺寸（mm）　　　　　　　　　　　　　表 2-2

| 幅面代号 | A0 | A1 | A2 | A3 | A4 |
|---|---|---|---|---|---|
| $B \times L$ | 841×1189 | 594×841 | 420×594 | 297×420 | 210×297 |
| $e$ | 20 | | | 10 | |
| $c$ | 10 | | | 5 | |
| $a$ | 25 | | | | |

从图纸的幅面尺寸可以看出，各幅面代号图纸的基本幅面的尺寸关系是将上一幅面代号的图纸长边对裁，即为下一幅面代号图纸的大小，如图 2-5 所示。

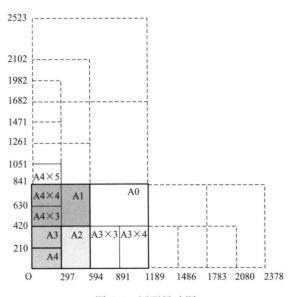

图 2-5　幅面尺寸图

长边作为水平边使用的图幅称为横式图幅，短边作为水平边的称为立式图幅。A0～

A3 图幅宜横式使用，必要时可立式使用；A4 只能立式使用。横式图幅及立式图幅如图 2-6 所示。

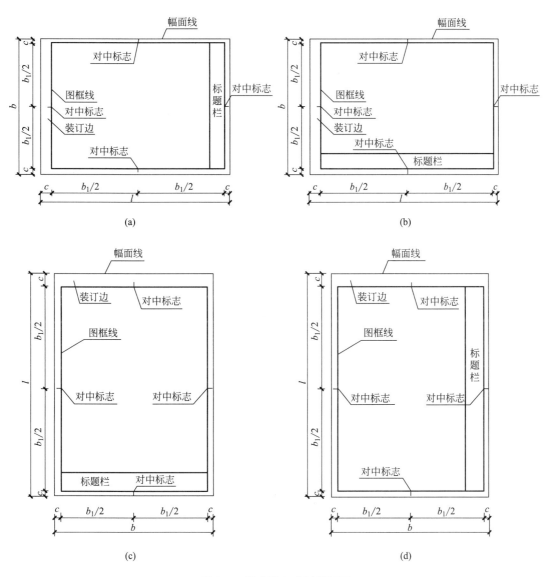

图 2-6　横式及立式图纸幅面

(a) A0～A3 横式幅面（一）；(b) A0～A3 横式幅面（二）；

(c) A0～A4 立式幅面（一）；(d) A0～A4 立式幅面（二）

在确定一个工程设计所用的图纸大小时，每个专业所使用的图纸一般不宜多于两种图幅，不含目录和表格所用的 A4 图幅。

**2. 标题栏和会签栏**

每张图纸都应在图框的右方或下方设置标题栏（简称图标），位置如图 2-7 所示。图标应按图 2-5 分区，根据工程需要选择其尺寸、格式及分区。

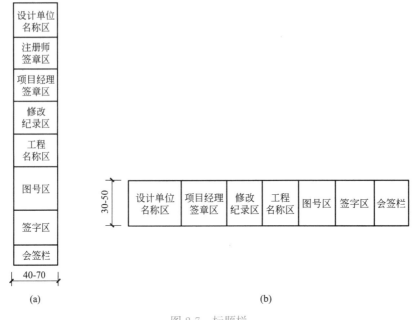

图 2-7 标题栏
(a) 标题栏（一）；（b）标题栏（二）

【小提示】学校制图作业的标题栏可选用图 2-8 所示的格式，制图作业不需要绘制会签栏。

| （校名） | | 专业 | | 图号 | |
|---|---|---|---|---|---|
| | | | | 比例 | |
| 班级 | | | | 日期 | |
| 姓名 | | | | 成绩 | |
| 学号 | | | | 审核 | |

图 2-8 作业用标题栏

## 二、图线及其画法

工程图上所表达的各项内容，需要用不同线型、不同线宽的图线来表示，这样才能做到图样清晰、主次分明。为此，《房屋建筑制图统一标准》GB/T 50001—2017 做出了相应规定。

### 1. 线宽

一个图样中的粗、中、细线形成一组叫做线宽组。在《房屋建筑制图统一标准》GB/T 50001—2017 中规定，基本线宽用字母 $b$ 表示，宜从下列线宽系列中选用：2.0、1.4、1.0、0.7、0.5、0.35mm。线宽组中的粗线：中粗线：细线＝1：0.5：0.25。

每个图样应根据复杂程度与比例大小，先选定基本线宽 $b$，再选用表 2-3 中的相应线宽组。在同一图样中，同类图形的线宽与形式应保持一致。

线宽组（mm）　　　　　　　　　　　　　表 2-3

| 线宽比 | 线宽组 | | | | | |
|---|---|---|---|---|---|---|
| $b$ | 2.0 | 1.4 | 1.0 | 0.7 | 0.5 | 0.35 |
| $0.5b$ | 1.0 | 0.70 | 0.5 | 0.35 | 0.25 | 0.18 |
| $0.25b$ | 0.5 | 0.35 | 0.25 | 0.18 | | |

注：1. 需要微缩的图纸，不宜采用 0.18mm 及更细的线宽；

2. 同一张图纸内，各种不同的线宽中的细线，可统一采用较细线宽组的细线。

表 2-4 为图框线、标题栏线的宽度要求，绘图时可选择使用。在同一张图纸内相同比例的各图样应采用相同的线宽组。

图框线、标题栏线的宽度要求　　　　　　　　　表 2-4

| 图幅代号 | 图框线 | 标题栏外框线 | 标题栏分格线、会签栏线 |
|---|---|---|---|
| A0、A1 | 1.40 | 0.7 | 0.35 |
| A2、A3、A4 | 1.0 | 0.7 | 0.35 |

### 2. 线型

建筑工程制图中的线型有实线、虚线、单点长画线、双点长画线、折断线和波浪线共六种。其中有的线型还分粗、中、细三种线宽。各种线型的规定及一般用途见表 2-5。

线型　　　　　　　　　　　　　表 2-5

| 名称 | | 线型 | 线宽 | 主要用途 |
|---|---|---|---|---|
| 实线 | 粗 | ———————— | $b$ | 主要可见轮廓线<br>平、剖面图中主要构配件断面的外轮廓线<br>建立立面图中外轮廓线<br>详图中主要部分的断面轮廓线和外轮廓线<br>总平面图中新建筑物的可见轮廓线<br>给水排水工程图中的给水管道 |
| | 中 | ———————— | $0.7b$<br>$0.5b$ | 建筑平、立、剖面图中一般构配件的轮廓线<br>平剖面图中次要构配件断面的轮廓线<br>总平面图中新建构筑物、道路、桥涵、围墙等及运输设施的可见轮廓线<br>尺寸起止符号 |
| | 细 | ———————— | $0.25b$ | 总平面图中新建人行道、排水沟、草地、花坛等可见轮廓线，原有建筑物、铁路、道路、桥涵、围墙的可见轮廓线<br>图例线、索引符号、尺寸线、尺寸界限、引出线 |

| 名称 | | 线型 | 线宽 | 主要用途 |
|---|---|---|---|---|
| 虚线 | 粗 | ------------ | $b$ | 新建建筑物的不可见轮廓线<br>结构图上不可见钢筋及螺栓线<br>给水排水工程图中的排水管道 |
| | 中 | ------------ | $0.7b$<br>$0.5b$ | 不可见轮廓线<br>建筑构造及建筑构配件不可见轮廓线<br>总平面图计划扩建的建筑物、铁路、道路、桥涵、管线等<br>平面图中吊车轮廓线 |
| | 细 | - - - - - - - | $0.25b$ | 总平面图上原有建筑物、构筑物、管线等的地下管线等<br>结构详图中不可见钢筋混凝土构件轮廓线<br>图例线 |
| 单点画线 | 粗 | —·—·—·— | $b$ | 吊车轨道线<br>结构图中的支撑线 |
| | 中 | —·—·—·— | $0.5b$ | 土方填挖区的零点线 |
| | 细 | —·—·—·— | $0.25b$ | 中心线、对称线、定位轴线 |
| 双点画线 | 粗 | —··—··— | $b$ | 预应力钢筋线 |
| | 细 | —··—··— | $0.25b$ | 假想轮廓线、成型前原始轮廓线 |
| 折断线 | | ——／\—— | $0.25b$ | 断开界线 |
| 波浪线 | | ～～～ | $0.25b$ | 断开界线 |

### 3. 图线的画法

（1）在绘图时，相互平行的两直线其间隙不能小于粗线宽度的两倍，且不宜小于 0.7mm。

（2）虚线线段长度和间隔宜各自相等，一般虚线中实线段的长度宜为 3～6mm，中间空隙宜为 0.5～1mm；虚线与虚线相交或虚线与其他线相交时应交于线段处；虚线在实线的延长线上时，不能与实线连接。

（3）点画线的两端应为实线段，不应是点；点画线中实线段的长度一般为 15～20mm，点与点画线之间的距离、点与点之间的距离以及点的长度宜为 0.5～1mm；点画线之间或点画线与其他图线相交时应交于实线段处。在较小图形中，点画线绘制有困难时可用实线代替。

（4）图线不得与文字、数字、符号重叠或混淆，有冲突时，应保证文字等的清晰。

（5）折断线应通过被折断图形的全部，两端各超出 2～3mm；波浪线宜徒手绘制。

【想一想】对比表 2-6 中图线的表示方法，分析错误案例的原因，掌握正确的做法。

图线画法举例 表 2-6

| 名称 | 举例 | |
|---|---|---|
| | 正确 | 错误 |
| 两点画线相交 | 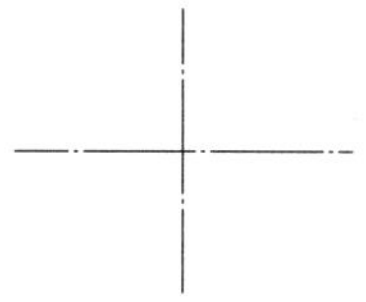 | 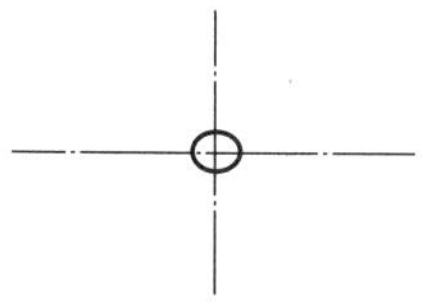 |
| 实线与虚线相交,两虚线相交 | 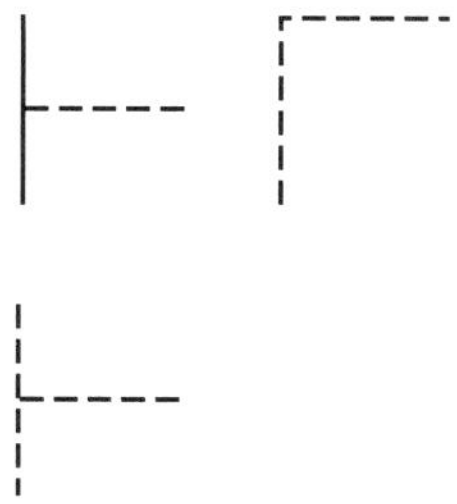 | 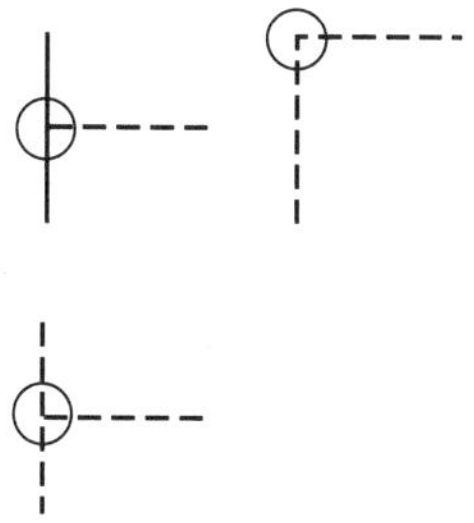 |
| 虚线为粗实线的延长线 | 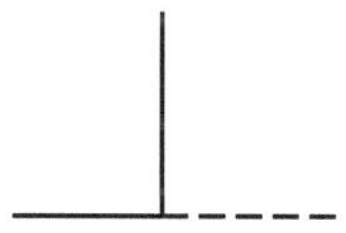 | 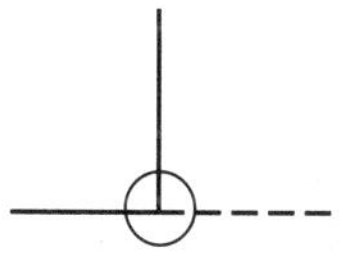 |

## 三、字体

字体是指图中文字、字母、数字的书写形式,用来说明图中物体的大小及施工技术要求等内容。这些字体的书写应笔画清晰、字体端正、排列整齐、间隔均匀,标点符号应清楚正确。

图纸中字体的大小应按图样的大小、比例等具体情况来选择。字高也称字号,常用的字高有 2.5mm、3.5mm、5mm、7mm、10mm、14mm、20mm,如 5 号字的字高为 5mm;汉字的最小高度为 3.5mm,字母和数字的最小高度为 2.5mm。

### 1. 汉字

图样及说明中的汉字宜采用长仿宋字,字高与字宽的比例为 $\sqrt{2}$ ,即字宽约为字高的 2/3。常用的长仿宋字的字高与字宽见表 2-7。

长仿宋体的字高与字宽（mm） 表 2-7

| 字高 | 20 | 14 | 10 | 7 | 5 | 3.5 |
|---|---|---|---|---|---|---|
| 字宽 | 14 | 10 | 7 | 5 | 3.5 | 2.5 |

长仿宋字的书写要领是:横平竖直、注意起落、结构均匀、填满方格。

横平竖直:横笔基本要平,可少许向上倾斜 2°～5°;竖笔要直,笔画要刚劲有力。

注意起落:横、竖的起笔和收笔,撇、钩的起笔,钩折的转角等,都要顿一下笔,形成小三角形,出现字肩。撇、捺、提、钩等的最后出笔应为渐细的尖角。以上这些字的写法都是长仿宋字的主要特征。几种基本笔画的写法见表 2-8。

仿宋字基本笔画 表 2-8

| 基本笔画 | 点 | | 横 | 竖 | 撇 | | 捺 | | 提 | 钩 | 折 |
|---|---|---|---|---|---|---|---|---|---|---|---|
| 形状 | 八 | 丷 | 一 | 丨 | 丿 | ノ | 乀 | 乀 | ノ | 儿 | 乛乚 |
| 写法 | 八 | 丷 | 一 | 丨 | 丿 | ノ | 乀 | 乀 | ノ | 儿 | 乛乚 |
| 字例 | 点 | 溢 | 王 | 中 | 厂 | 千 | 分 | 建 | 均 | 才戈 | 国出 |

结构均匀：笔画布局要均匀，字体的构架形态要中正疏朗、疏密有致。

在写长仿宋字时应先打格（有时可在纸下垫字格）再书写，练写时用铅笔、钢笔或蘸笔，不宜用圆珠笔、签字笔。在描图纸上写字应用黑色墨水的钢笔或蘸笔。要想写好长仿宋字，平时就要多练、多看、多体会书写要领及字体的结构规律，持之以恒、必能写好。

**2. 数字和字母**

图纸中的数值应用阿拉伯数字书写，书写时应工整清晰，以免误读。书写前也应打格（按字高画出上下两条横线）或在描图纸下垫字格，便于控制字体的字高。阿拉伯数字、罗马数字、拉丁字母的字例见表 2-9。如需写成斜体字，其斜度应是从字的底线逆时针向上倾斜 75°，斜体字的字高与字宽和直体字相等。

常见字体示例 表 2-9

| 字体 | | 示例 |
|---|---|---|
| 长仿宋体字 | 7号 | 字体工整笔画清楚间隔均匀排列整齐 (7) <br> 1 ⊢ 5 ⊣ |
| | 5号 | 字体工整笔画清楚间隔均匀排列整齐 (5) <br> 0.7 ⊢ 3.5 ⊣ |
| 拉丁字母 | A型字体大写斜体（7号） | ABCDEFGHIJKLMNOPQRSTUVWXYZ (7) <br> 3.5 ⊢ 1 ⊣ |
| | A型字体小写斜体（7号） | abcdefghijklmnopqrstuvwxyz (2, 5, 2) <br> 3.5 ⊢ 1 ⊣ |

| 字体 | | 示例 |
|---|---|---|
| 阿拉伯数字 | A 型字体<br>斜体(7 号) | *1234567890*  3.5 ⊢ 1 |
| | A 型字体<br>直体(7 号) | 1234567890  3.5 ⊢ 1 |
| 综合应用 | |  ⌵ *Ra*12.5    $\phi 86 ^{+0.038}_{-0.056}$    $\phi 25 \dfrac{H6}{m5}$    *R*73 |

# 四、比例和图名

### 1. 比例

比例是指图形要素的线性尺寸与实物相应要素的线性尺寸之比。线性尺寸是指直线方向的尺寸如长、宽、高尺寸等。所以，图样的比例是线段之比而非面积之比。

绘图所用的比例应根据图样的用途与被绘对象的复杂程度从表 2-10 中选用，并优先采用常用比例。建筑专业制图选用比例宜符合表 2-11 中的规定。

绘图所用比例　　　　　　　　　　　表 2-10

| 常用比例 | 1：1、1：2、1：5、1：10、1：20、1：50<br>1：100、1：200、1：500、1：1000<br>1：2000、1：5000、1：10000、1：20000<br>1：50000、1：100000、1：200000 |
|---|---|
| 可用比例 | 1：3、1：15、1：25、1：30、1：40、1：60<br>1：150、1：250、1：300、1：400、1：600<br>1：1500、1：2500、1：3000、1：4000<br>1：6000、1：15000、1：30000 |

建筑图常用比例　　　　　　　　　　　表 2-11

| 建筑的总平面图、平面图、立面图、剖面图 | 1：1000、1：500、1：200、1：100、1：50 |
|---|---|
| 建筑的局部放大图 | 1：50、1：20、1：10 |
| 构件及构造详图 | 1：50、1：20、1：10、1：5、1：2、1：1 |

如图 2-9 所示是同一扇门用不同比例画出的门的立面图。注意：无论用何种比例绘出的同一图形，所标的尺寸均应按实际尺寸标注，而不是图形本身的尺寸。

### 2. 图名

按制图规定，图名应用仿宋字书写在图样的下方，比例注写在图名的右侧。图名若为文字，则图名下方应用粗实线绘制图名线，比例的字高应比图名字号小一到二号，如图 2-10 所示。

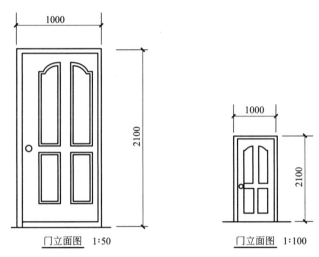

图 2-9　用不同比例绘制的门立面图

图 2-10　图名和比例

# 2.3 识图实训：抄绘工程图样

**工作页 1**

班级：_____ 姓名：_____ 学号：_____ 成绩：_____

　　线型练习：正确使用制图仪器和工具，布局合理、线型规范、粗细分明、符合标准、图面整洁。

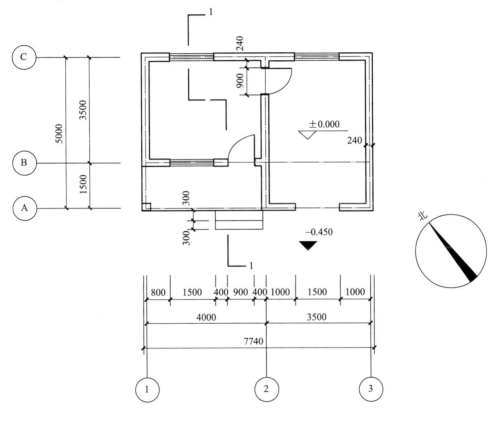

平面图　1:100

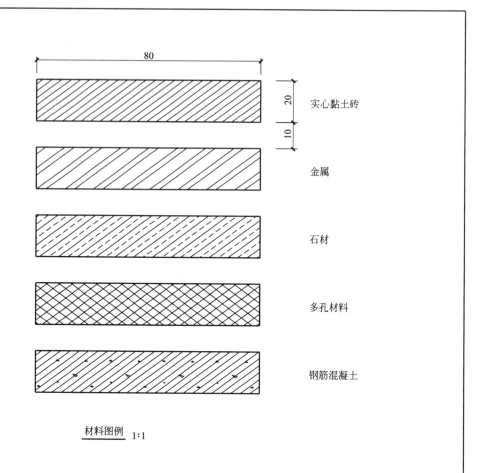

实心黏土砖

金属

石材

多孔材料

钢筋混凝土

材料图例 1:1

# 2.4 建筑工程制图常用图例符号

## 一、定位轴线及编号

建筑施工图中对主要结构构件进行定位的线称为定位轴线，定位轴线是施工定位、放线的重要依据。凡是主要承重构件如墙、柱等都应画出定位轴线并予编号。

图 2-11　轴线的画法

定位轴线一般采用细单点长画线绘制。为读图方便，定位轴线应当进行编号。编号写在定位轴线端部的圆内，圆为细实线绘制，直径为 8mm（详图为 10mm），圆心应在轴线的延长线上或延长线的折线上，如图 2-11 所示。

水平方向编号用阿拉伯数字从左至右编写，竖向编号用大写拉丁字母由下向上注写，如图 2-12 所示。拉丁字母 I、O 及 Z 不宜用做轴线编号，以免和数字 1、0 和 2 混淆。

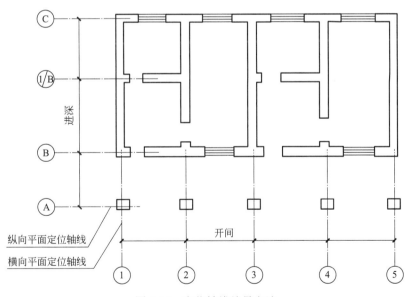

图 2-12　定位轴线编号方法

对一些次要承重构件和非承重构件，可以采用在两个轴线之间的附加轴线进行定位。附加轴线编号用分数表示。分母为前一轴线的编号，分子为阿拉伯数字，按顺序表示附加轴线编号，如图 2-13 所示。

当附加轴线在编号为 1 和 A 的主轴线之前时，则分母应在分母为前一轴线的编号前加"0"，为"01"或"0A"，分子还应为阿拉伯数字按顺序编写，如图 2-14 所示。

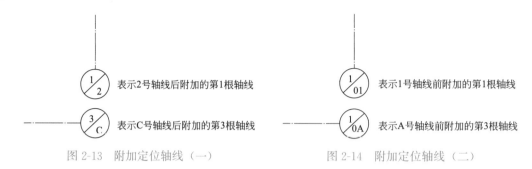

图 2-13　附加定位轴线（一）　　　　图 2-14　附加定位轴线（二）

在详图中，如果一个详图适用于多个轴线时，应同时注明各轴线编号。当详图的圆内没有注写编号时，代表该详图适用于本建筑所有相应位置。在详图中，如果一个详图适用于多个轴线时，应同时注明各轴线编号，如图 2-15 所示。

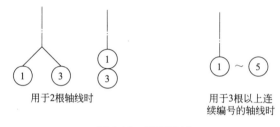

图 2-15　详图轴线

## 二、标高及标高符号

标高表示建筑物某一部位的高度，是该点相对于某一基准面（标高的零点）的竖向高度，是竖向定位的依据。标高分为相对标高和绝对标高，也有建筑标高和结构标高之分如图 2-16 所示。

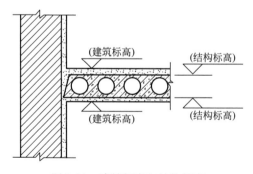

图 2-16　建筑标高与结构标高

绝对标高是以一个国家或地区统一规定的基准面作为零点的标高。我国规定以青岛附近黄海夏季的平均海平面作为标高的零点，其余各地标高均以其为准。

相对标高是指把房屋建筑底层室内主要地面定为零点的标高，并在设计说明中说明相对标高和绝对标高的关系，再由当地附近的水准点（绝对标高）来测定新建建筑物的底层地面标高。

建筑标高是指在相对标高中，建筑物及其构配件在完成装修、抹灰之后的表面标高，称为建筑标高，注写在构件的装饰层面上。

结构标高是指在相对标高中，建筑物及其构配件在未完成装修、抹灰之后的表面标高，是构件的安装或施工高度。结构标高分为结构底标高和结构顶标高。结构标高常常注写在结构施工图和屋顶平面图上。

标高的单位为 m（米），总平面图上的绝对标高数字注写至小数点后两位，如 419.22，其余平面图上均注写至小数点后三位，如 3.000。

零点标高的表示方法为"±0.000"；低于零点标高的负标高应在数字前加"−"，如 −0.300；数字前没有加注符号的，则表示高于零点标高。

标高的符号为 45°等腰直角三角形，高度约 3mm。除总平图中室外地面标高需要涂黑外，其余全部用细实线绘制，如图 2-17 所示。

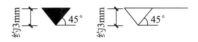

图 2-17　标高符号画法

标高符号 90°的角点即为被注写的高度，90°角端可向上也可向下。标高数值写在右侧或者有引出线的一侧，引出线长与数字注写长度大致相同。如图 2-18 所示是常用标高符号的用法。

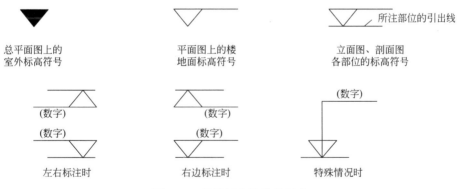

图 2-18　常用标高符号的用法

## 三、索引符号和详图符号

由于平、立、剖面图比例较小，因而某些局部或构配件需用较大比例画出详图。详图需要用索引符号索引，在需要另绘详图的部位编上索引符号，并与所绘详图上编写的详图符号相一致，以便查找。

### 1. 索引符号

索引符号应用细实线绘制，圆直径为 10mm，圆中绘一细实线直径分开上、下半圆，上、下半圆各用阿拉伯数字编号。引出线指向被索引部位并应对准圆心。

上半圆数字为该详图的编号，下半圆则为该详图所在图纸的图纸号。当详图绘制在本页图纸当中，下半圆内为一短粗实线。

当索引出的详图采用标准图时，应在索引符号水平直径的延长线上注明该标准图例的编号，如图 2-19 所示。

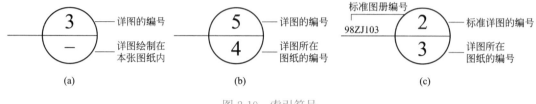

图 2-19　索引符号

索引的详图是局部剖面（或断面）详图时，索引符号应在引出线的一侧加画一剖切位置线，引出线所在一侧加画一剖视方向。当索引的详图为局部放大时，引出线为细实线，如图 2-20 所示。

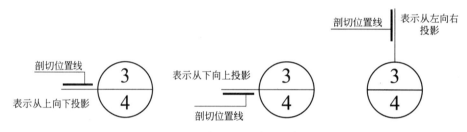

图 2-20　用于索引剖面详图的索引符号

**2. 详图符号**

详图符号应用粗实线绘制，圆直径为 14mm，并应注写绘图比例。

当详图与被索引图样同在一张图纸内时，在圆内用阿拉伯数字注明详图编号；不在同一张图纸内时，应用细实线画一段水平直径，在上半圆内注明详图编号，下半圆内注明被索引图纸的图纸号，如图 2-21 所示。

图 2-21　详图符号

## 四、引出线

引出线应用细实线绘制，应采用水平方向的直线、与水平方向成 30°、45°、60°、90°的直线，或经上述角度再折成水平的直线。文字说明宜注在水平横线的上方，如图 2-22（a）所示；也可写在横线的端部，如图 2-22（b）所示；索引详图的引出线，应对准索引符号的圆心，如图 2-22（c）所示。

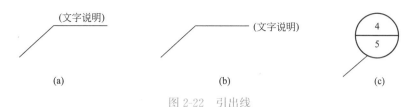

图 2-22  引出线

（a）文字说明在上方；（b）文字说明在端部；（c）索引符号的引出线

同时引出几个相同部分的引出线宜互相平行，也可画成集中于一点的放射线，如图 2-23 所示。

图 2-23  共同引出线

多层构造或多层管道的共用引出线，应通过被引出的各层（或各管道）。文字说明宜注写在横线的上方，也可注写在横线的端部。说明的顺序应由上至下，并应与被说明的层次相互一致。如层次为横向排列，则由上至下的说明顺序应与由左至右的层次相互一致，如图 2-24 所示。

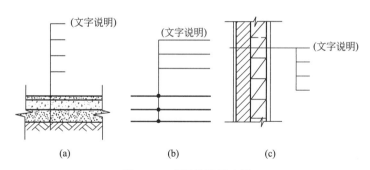

图 2-24  多层构造引出线

（a）上下分层的构造；（b）多层管道；（c）从左到右分层的构造

## 五、指北针及风向频率玫瑰图

用于指明建筑物方向的符号。除用于总平面图外，还常绘于底层建筑平面图上。其画法是：指北针的圆圈采用细实线绘制，直径为 24mm；尾宽宜为 3mm，指针头部应注"北"或"N"字，如图 2-25 所示。

风向频率玫瑰图简称风玫瑰图。风玫瑰图是在 8 个或 16 个方向线上，将一年中不同风向的天数分别按比例用端点与中心点的线段长度表示。风向由各方向吹向中心。端点离中心越远的方向表示此方向风向刮的天数越多，称为当地的主导风向，粗实线表示全年风向，虚线表示夏季风向，如图 2-26 所示。

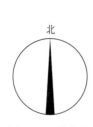

图 2-25　指北针

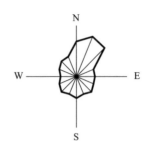

图 2-26　风向频率玫瑰图

【小提示】在底层建筑平面图上应画上指北针，建筑总平面上画带指北针的风向频率玫瑰图。

# 六、其他符号

### 1. 对称符号

表示工程物体具有对称性的图示符号，如图 2-27 所示。该符号用细点画线绘制，平行线的长度宜为 6～10mm，每对平行线的间距宜为 2～3mm，平行线在中心线两侧的长度应相等。

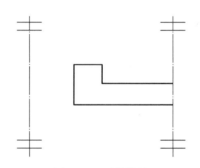

图 2-27　对称符号

### 2. 连接符号

应以折断线表示需连接的部位，并以折断线两端靠图样一侧的大写拉丁字母表示连接编号，两个被连接的图样必须用相同的字母编号，如图 2-28 所示。

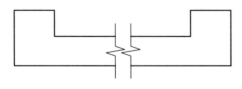

图 2-28　连接符号

# 2.5 识图实训：绘制常用图例符号

**工作页 1**

班级：＿＿＿＿＿＿ 姓名：＿＿＿＿＿＿ 学号：＿＿＿＿＿＿ 成绩：＿＿＿＿＿＿

1. 绘制指北针图例，朝向自定。

2. 在下列方框中按要求画出相应的材料图例。

| | | | |
|---|---|---|---|
| 混凝土 | 多孔砖 | 砂 | 钢筋混凝土 |
| 多孔材料 | 空心砌块 | 加气混凝土 | 混凝土 |

3. 分别绘制出⑤轴之后的第 2 根附加定位轴线、Ⓐ轴之前的第 1 根附加定位轴线的轴线编号。

4. 在某建筑施工图中，有索引符号 ⊙（2/4），请绘制其对应的详图符号，比例尺 1：10。

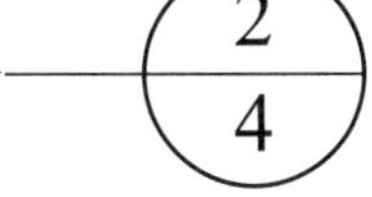

5. 分别绘制室外绝对标高为 234.86m 的标高符号和室内相对标高为 9.600m 的标高符号。

# 2.6　建筑工程制图的尺寸标注

　　建筑工程图除了按一定比例绘制外，还必须注有详细、准确的尺寸才能全面表达设计意图，满足工程要求，才能准确无误地施工。所以，尺寸标注是一项重要的内容。

## 一、尺寸的组成及标注要求

　　图样中的尺寸应整齐、统一，数字清晰、端正。尺寸标注由尺寸界线、尺寸线、尺寸起止符号、尺寸数字四部分组成，如图 2-29 所示。

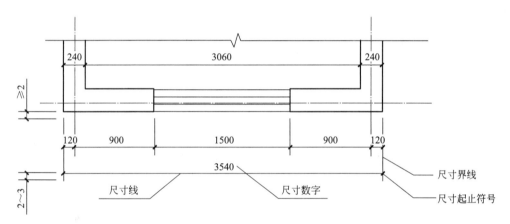

图 2-29　尺寸的组成和标注

### 1. 尺寸界线

　　尺寸界线用来限定所注尺寸的范围，采用细实线绘制。尺寸界线一般应与尺寸线垂直，同时也应与被注长度垂直。

　　为避免与图样上的线条混淆，其一端应离开图样不小于 2mm，另一端宜超出尺寸线 2～3mm。当连续标注时，中间的尺寸界线可稍短，但其长度应该相等。

　　【小提示】图样轮廓线、定位轴线或中心线也可作为尺寸界线。

### 2. 尺寸线

　　尺寸线用来表示尺寸的方向，采用细实线绘制。尺寸线应与被标注长度平行，不宜超出尺寸界线。

　　图样轮廓线以外的尺寸线，距离图样的最外轮廓线之间的距离不小于 10mm，平行尺寸线之间的距离宜为 7～10mm。

　　【小提示】图样中的任何线条都不能作为尺寸线。

### 3. 尺寸起止符号

　　尺寸起止符号用以表示尺寸的起止，应为中粗的斜短线。其倾斜方向应与尺寸界线成顺时针 45°角，长度宜为 2～3mm。

直径、角度与弧长的尺寸起止符号，宜用长箭头表示，箭头画法如图 2-30 所示。

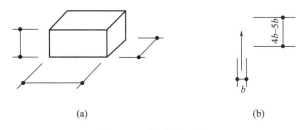

图 2-30 箭头的画法

（a）轴测图尺寸起止符号；（b）箭头尺寸起止符号

【小提示】当相邻的尺寸界线间的间隔很小时，尺寸起止符号可以用小圆点代替。

### 4. 尺寸数字

图样上的尺寸数字是建筑施工的主要依据，为被标注长度的物体的实际大小，与采用的比例无关，也不得从图上直接量取。

在尺寸标注中数字应注写在水平尺寸线的上方中部，字头朝上；或竖向尺寸线的左方中部，字头朝左；如尺寸数字与线条冲突，应图线断开；如图 2-31 所示。

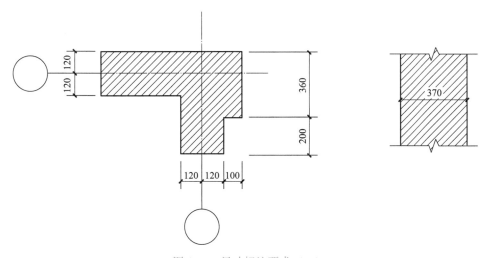

图 2-31 尺寸标注要求（一）

当没有足够的标注位置时，最外边的尺寸数字可标注在尺寸界线外侧，中间相邻的尺寸数字可上下错开标注或标注在引出线上方，如图 2-32 所示。

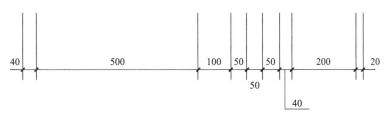

图 2-32 尺寸标注要求（二）

### 尺寸数字的方向

应按图规定的方向标注，尽量避免在图 2-33（a）所示的 30°范围内标注尺寸；当无法避免时，应按图 2-33（b）的形式标注。

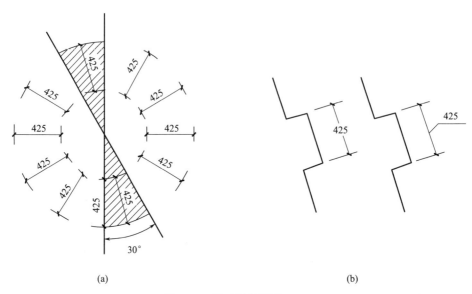

(a)                                                    (b)

图 2-33　尺寸标注要求（三）

（a）避免 30°范围内标注尺寸；（b）无法避免 30°范围时的标注形式

【小提示】尺寸数字一般不注写单位。建筑制图中除总平面图和标高采用的单位为米（m）以外，其余单位均为毫米（mm）。

常见尺寸标注形式见表 2-12。

常见尺寸标注形式                                    表 2-12

| 内容 | 图例 | 说明 |
|------|------|------|
| 标注半径 | | 半圆和小于半圆的弧一般标注半径。半径的尺寸线应一端从圆心开始，另一端画箭头指至圆弧。半径数字前应加注半径符号"*R*" |

| 内容 | 图例 | 说明 |
|---|---|---|
| 标注直径 | 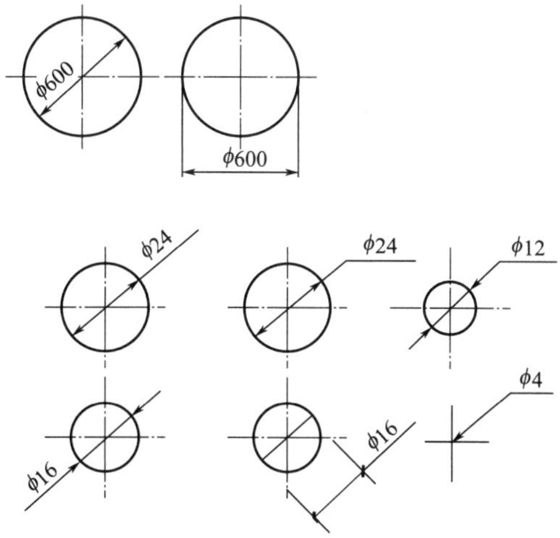 | 圆和大于半圆的弧一般标注直径，直径数字前应加符号"φ"。在圆内标注的直径尺寸应通过圆心，其两端箭头指至圆弧，较小的圆的直径尺寸可标注在圆外 |
| 标注圆球 | 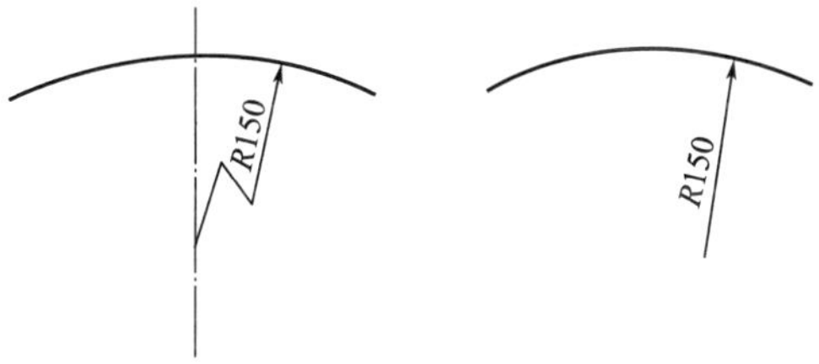 | 标注球的半径时，应在尺寸数字前加注符号"SR"；标注直径时，应在尺寸数字前加注符号"Sφ"。其标注方法与圆弧半径和圆的直径的尺寸标注方法相同 |
| 标注角度 | 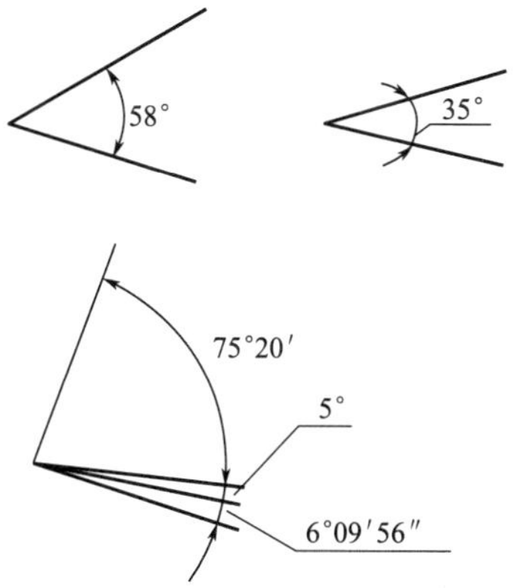 | 角度的尺寸线应用圆弧表示。圆弧的圆心为角度的顶点，角的两个边为尺寸界线。角度的起止符号应以箭头表示，如没有足够的位置画箭头，可以用小圆点代替。角度数字应水平方向标注 |
| 标注弧长 | 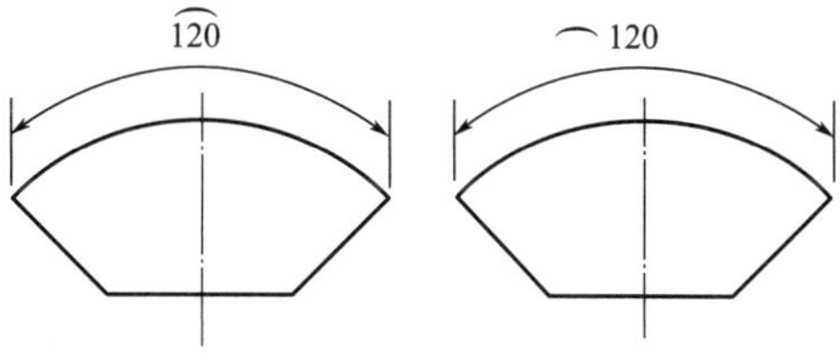 | 标注圆弧的弧长时，尺寸线应用与该圆弧同心的圆弧线表示。尺寸界线应垂直于该圆弧的弦，起止符号应以箭头表示，弧线数字的上方应加注圆弧符号"⌒" |

| 内容 | 图例 | 说明 |
|---|---|---|
| 标注弦长 | 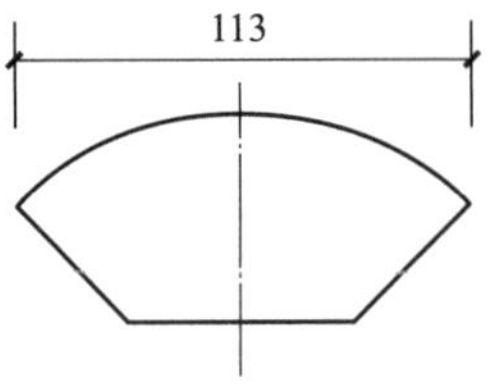 | 标注圆弧的弦长时,尺寸线应用平行于该弦的直线表示。尺寸界线应垂直于该弦,起止符号应用中短斜线表示 |
| 标注坡度 | 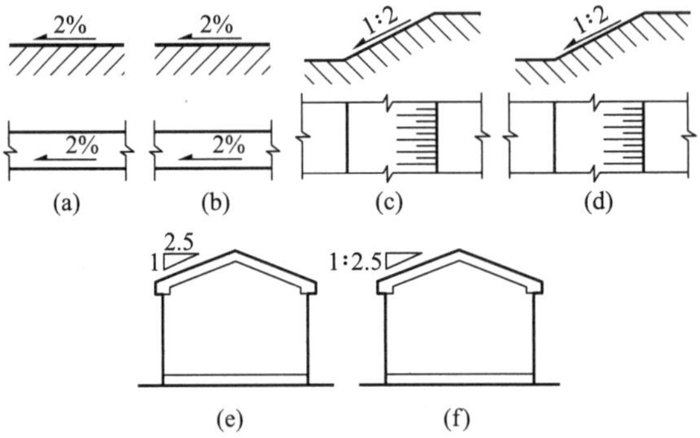 | 标注坡度时,在坡度数字下应加注坡度符号,坡度符号的箭头一般应指向下坡方向。坡度也可以用直角三角形形式标注 |
| 标注杆件或管线的长度 | 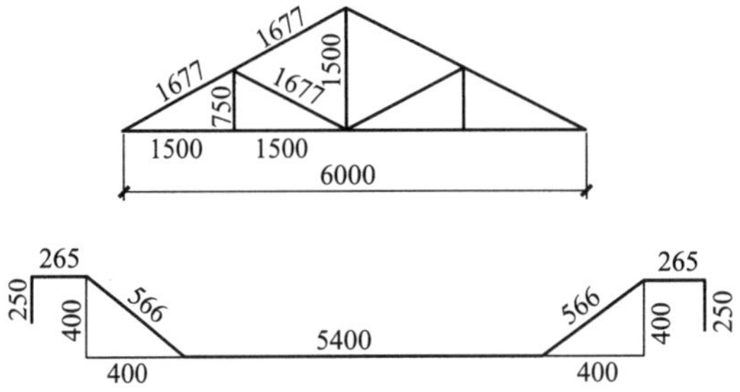 | 在单线图上,如桁架、钢筋、管线简图,可直接将尺寸数字沿杆件或管线一侧注写 |
| 标注连续的等长尺寸 | 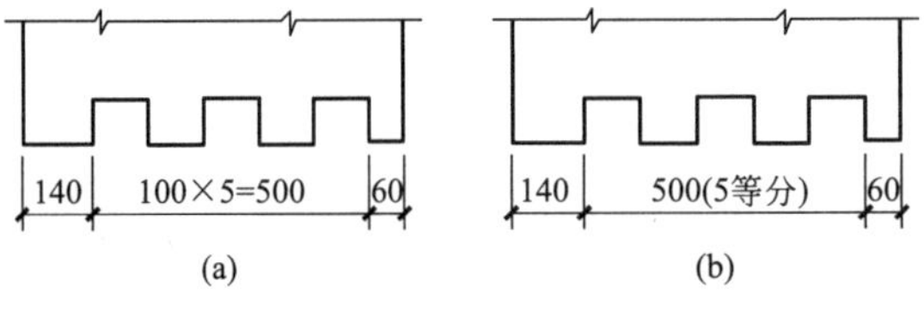 | 连续排列的等长尺寸可以用"个数×等长尺寸=总长"的形式标注 |
| 相同要素尺寸标注 | 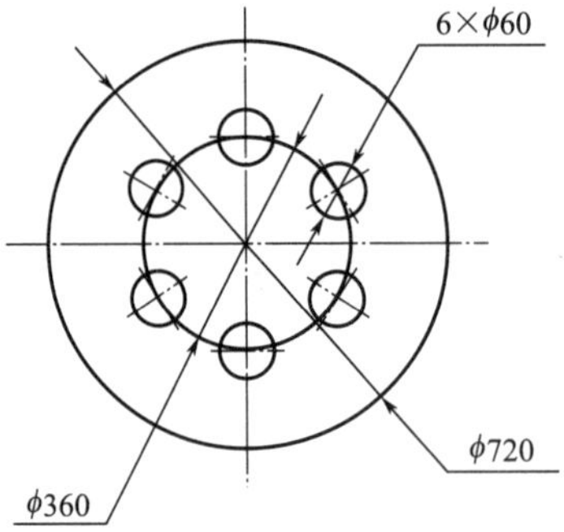 | 构配件内的构造要素(如孔、槽等)有相同处,可标注其中的一个要素尺寸,并在尺寸前注明个数 |

| 内容 | 图例 | 说明 |
|---|---|---|
| 对称构件标注 | 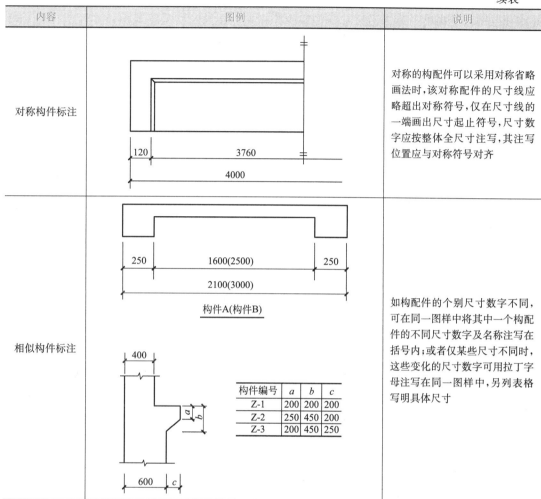 | 对称的构配件可以采用对称省略画法时,该对称配件的尺寸线应略超出对称符号,仅在尺寸线的一端画出尺寸起止符号,尺寸数字应按整体全尺寸注写,其注写位置应与对称符号对齐 |
| 相似构件标注 | | 如构配件的个别尺寸数字不同,可在同一图样中将其中一个构配件的不同尺寸数字及名称注写在括号内;或者仅某些尺寸不同时,这些变化的尺寸数字可用拉丁字母注写在同一图样中,另列表格写明具体尺寸 |

## 二、建筑平面图的尺寸标注

建筑平面图上的尺寸分为外部尺寸和内部尺寸两种。

外部尺寸一般分为三道尺寸线:第一道尺寸线为总尺寸,是指建筑的外包尺寸,即从一端外墙到另一端外墙的尺寸;第二道尺寸线是定位轴线之间的尺寸,从该尺寸线上可以得到各个房间的开间和进深;第三道尺寸线为细部尺寸,是表示外墙上各个细部构造的定形和定位,如门窗的宽度和轴线间的距离等。

内部尺寸主要表示建筑物内部的门窗、孔洞、墙厚、设备等细部构造的大小和位置。

## 三、建筑立面图的尺寸标注

立面图上的尺寸也分为外部尺寸和内部尺寸两种。

外部尺寸一般分为三道尺寸线：第一道尺寸线为总尺寸，是指从建筑的室外地坪到女儿墙顶或檐口的高度；第二道尺寸线是室内外高差、层高及女儿墙或檐口高度的标注；第三道尺寸线为细部尺寸，是表示外墙上临近轮廓线的各个细部构造的定形和定位，如门窗的高度和间距等。

内部尺寸主要表示立面轮廓范围内的门窗、孔洞、墙厚、设备等细部构造的大小和位置。立面图上的内部尺寸可以用标高来代替。

# 2.7　识图实训：标注建筑工程图的尺寸

**工作页 1**

班级：_____　姓名：_____　学号：_____　成绩：_____

1. 在图中按照图所示，标注尺寸界限、尺寸线、尺寸起止符号，并标注尺寸数字（尺寸数字从图中量取）。

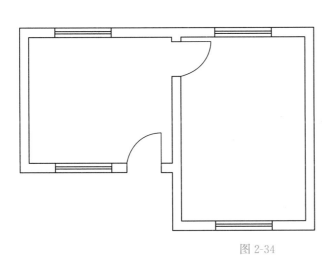
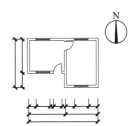

图 2-34

2. 按照 1：5 的比例绘制出花饰的图案，并标注尺寸。

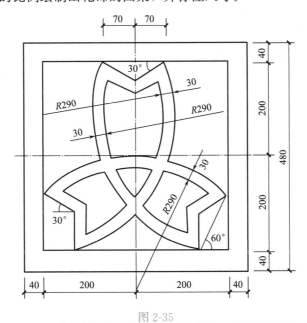

图 2-35

# 3 建筑设计说明及其他文件识读

**学习重点**

1. 理解建筑施工图首页的组成；
2. 理解图纸目录的内容；理解建筑设计说明的内容；理解节能设计的内容；理解门窗表的内容；
3. 理解总平面图的表达内容；
4. 熟悉总平面常用图例；
5. 会识读工程做法和建筑总平面图。

**技能要求**

1. 能识读图纸目录、建筑设计总说明、门窗表、节能设计；
2. 能读懂工程做法；
3. 熟悉总图制图标准，能识读房屋建筑总平面图。

**拓展阅读**

《桐城县志》记载，清代康熙年间文华殿大学士兼礼部尚书张英的老家人与邻居吴家在宅基地问题上发生了争执，家人飞书京城，让张英打招呼"摆平"吴家。而张英回复给老家人的是一首打油诗"千里修书只为墙，让他三尺又何妨。万里长城今犹在，不见当年秦始皇。"家人见书，主动在争执线上退让了三尺，下垒建墙，而邻居吴氏也深受感动，退地三尺，建宅置院。于是两家的院墙之间产生了一条宽六尺的巷子，村民们可以由此自由通过，六尺巷由此而来，如图 3-1 所示。

图 3-1 安徽桐城六尺巷

在故事中，人们都在称颂张英大学士心胸开阔、恭谦礼让的高尚品格，"懿德流芳"是给他的最高褒奖。"六尺巷"典故已远远超出其本意，成为彰显中华民族和睦谦让美德的见证。张英的宽仁家风得到了厚报，他的儿子张廷玉更加了不起，官至保和殿大学士、军机大臣，为官于康熙、雍正、乾隆三代皇帝，共计 50 年。死后谥号"文和"，配享太庙，是整个清朝唯一一个配享太庙的汉臣。

# 3.1 建筑设计总说明

　　房屋建筑施工图是表示建筑物的总体布局、外部造型、内部布置、细部构造做法、内外装饰及满足其他专业对建筑要求和施工要求的图样，是房屋施工和概预算工作的依据。内容包括首页、总平面图、各层建筑平面图、各朝向立面图、剖面图和各种详图。首页常包括图纸目录、建筑设计总说明、门窗表等。

## 一、图纸目录的识读

　　图纸目录是查阅图纸的主要依据，往往以表格的形式呈现，包括图纸序号、图别图号、图纸名称、图幅及备注等栏目。根据图纸类别不同，目录也分为建筑施工图目录、结构施工图目录和设备施工图目录，一般分别附在各类别图纸的首页，也有的工程将三种目录合为一体放在整套图的最前面，某某小区别墅建施图目录见表3-1。

某某小区别墅建筑建施图目录　　　　　表 3-1

| ××××建筑设计有限公司<br>图纸目录 | 建设单位 | ××××有限公司 | | |
|---|---|---|---|---|
| | 项目名称 | 某某小区别墅 | 专业 | 建筑 |
| | 项目编号 | | 阶段 | 施工图 |
| | 编制人 | | 日期 | |

| 序号 | 图别图号 | 图纸名称 | 图幅 | 备注 |
|---|---|---|---|---|
| 1 | 建施-01 | 建筑设计说明(一) | A3 | |
| 2 | 建施-02 | 建筑设计说明(二) | A3 | |
| 3 | 建施-03 | 建筑构造做法表 | A3 | |
| 4 | 建施-04 | 门窗表、门窗详图 | A3 | |
| 5 | 建施-05 | 一层平面图 | A3 | |
| 6 | 建施-06 | 二层平面图 | A3 | |
| 7 | 建施-07 | 三层平面图 | A3 | |
| 8 | 建施-08 | 屋顶平面图 | A3 | |
| 9 | 建施-09 | ①～⑴⑾轴立面图 | A3 | |
| 10 | 建施-10 | ⑴⑾～①轴立面图 | A3 | |
| 11 | 建施-11 | Ⓔ～Ⓐ轴立面图、Ⓐ～Ⓔ轴立面图 | A3 | |
| 12 | 建施-12 | 1-1剖面图 | A3 | |
| 13 | 建施-13 | 1号楼梯详图(2号楼梯镜像) | A3 | |
| 14 | 建施-14 | 厨房、卫生间、节点详图 | A3 | |
| 15 | 建施-15 | 卫生间详图(二) | A3 | |
| 16 | 建施-16 | 墙身大样图 | A3 | |
| 17 | 建施-17 | 节能设计建筑专篇 | A3 | |

【小提示】在图纸交底时，可以根据图纸目录对照下面图纸右下角标题栏上的信息进行清点。

## 二、建筑设计总说明的识读

根据建筑物的复杂程度和周围环境的复杂程度，建筑设计总说明的内容有多有少，但不论多少一般均包括设计依据、工程概况、构造及用材说明、工程做法等。

### 1. 设计依据

设计依据一般包括三个方面：一是建设方与设计方的设计合同形成的条件，二是上级部门对该项目的有关批文，三是执行的国家相关规范、条例、标准等。某某小区别墅建筑设计总说明之设计依据如图 3-2 所示。

1. ××市规划局提供的用地规划条件及拟建用地勘设红线图（或电子地形图），××市发展和改革局关于本工程初步设计审查会议纪要。

2. 经批准的本工程建筑初步设计文件、建设方的意见。

3. 本工程依据的国家有关法规、规范：

《民用建筑设计统一标准》GB 50352—2019

《城市居住区规划设计标准》GB 50180—2018

《建筑设计防火规范》GB 50016—2014（2018 年版）

《住宅设计规范》GB 50096—2011

《房屋建筑制图统一标准》GB/T 50001—2017

《屋面工程技术规范》GB 50345—2012

《夏热冬冷地区居住建筑节能设计标准》JGJ 134—2010

《民用建筑绿色设计规范》JGJ/T 229—2010

《建筑外门窗气密、水密、抗风压性能检测方法》GB/T 7106—2019

现行的国家有关建筑设计规范、规程和规定及当地规划及建筑设计规范。

图 3-2　某某小区别墅建筑工程设计依据

### 2. 工程概况

工程概况一般应包括工程名称、项目地址、建设单位、结构类型、工程等级、使用年限、建筑层数和高度、建筑面积、设计标高以及安全设计（安全设计又包含防火设计、耐火等级、人防工程防护等级、屋面防水等级、地下室防水等级、抗震设防烈度等）等内容，见表 3-2 与表 3-3。

### 3. 构造及用材说明

构造及用材说明主要包括：一般说明、砌体工程、屋面工程、楼地面工程、外墙装饰工程、室内装饰工程、门窗工程、油漆工程、室外工程、其他工程。施工人员必须认真读懂说明中的工程术语、各种数字、符号的含义，需要扎实的构造知识为基础。构造及用材说明一般用文字描述（图 3-3），有时也采用列表说明，或者两种表达方式同时出现。

某某小区别墅建筑工程概况　　　　表 3-2

| 工程名称 | 某某小区别墅 | | | | | |
|---|---|---|---|---|---|---|
| 建设地点 | ××× | | | | | |
| 建设单位 | ××××有限公司 | | | | | |
| 项目 | 单位 | 数量 | 项目 | | 单位 | 数量 |
| 设计规范 | 三层住宅楼 | | 建筑层数 | 主体 | 层 | 3 |
| 总建筑面积 | m² | 570.91 | | 裙房 | 层 | 无 |
| 其中　地上 | m² | 570.91 | | 地下室 | 层 | 无 |
| 　　　地下 | m² | 无 | 消防建筑高度 | 主体 | m | 10.05 |
| 建筑基底面积 | m² | 227.85 | | 裙房 | m | 无 |
| 设计标高 | 相对标高±0.000 的相当于绝对标高 6.8m,室内外高差 0.450m | | | | | |
| 设计内容补充说明 | ××× | | | | | |

某某小区别墅建筑安全设计　　　　表 3-3

| 项目 | 级别(类别) | 项目 | | 级别(类别) |
|---|---|---|---|---|
| 结构形式 | 框架 | 防火设计类别 | | 高度小于 24m 的民用建筑 |
| 结构安全等级 | 二级 | 耐火等级 | 主体 | 二级 |
| 抗震设防烈度 | 六度 | | 裙房 | 无 |
| 人防工程等级 | 无 | | 地下室 | 无 |

（三）屋面工程

1. 本工程主屋面防水等级为 Ⅱ 级,屋面工程设计与施工详《屋面工程技术规范》GB 50345—2012。

2. 雨水管采用 PVC-U,如粘接明装,色同外墙,或暗装于石材、铝板中,接口要严密并做水封试验。雨水排放系统应配全雨水口试验。雨水排放系统应配全雨水口、球形篦板、底层检查口等构件。具体详水专业。

3. 本工程平屋面排水坡度为 2%,排水沟内纵向坡度为 1%。

4. 钢结构钛锌复合板雨罩屋面,承包商在本设计的基础上进一步深化,全面负责材料和系统的设计、制作、加工和安装质量。

5. 屋面构造:

（1）本工程平屋面选用倒置式防水,防水卷材采用 3.0mm 厚弹性体（APP）改性沥青防水卷材,防水涂料采用 2.0mm 厚喷涂速凝橡胶沥青防水涂料（非固化防水涂料）。屋面所有卷材收口部位均用密封膏嵌实。

（2）屋面建筑找坡层材料为泡沫混凝土,最薄处 30mm。建筑做沟最薄处 80mm。

（3）本工程选用外保温屋顶,保温材料根据节能计算得出 48mm 厚挤塑聚苯板,倒置屋面厚度需增加 25%。

（4）屋面构造做法详建筑构造做法表。

图 3-3　某某小区别墅屋面工程的构造及用材说明

### 4. 工程做法（建筑构造做法表）

　　工程做法也称建筑构造做法表，主要包括楼地面做法、外墙做法、内墙做法、顶棚做法、屋面做法、踢脚做法、油漆、室外台阶等。施工人员必须认真读懂表述中的工程术语、各种数字、符号的含义，需要扎实的构造知识为基础。工程做法一般用文字描述，有时也采用列表说明（图 3-4），或者两种表达方式同时出现。

| 一、楼地面做法 | | ■ 楼面2：防水楼面1 | 适用部位 |
|---|---|---|---|
| ■ 地面1：复合木地板、抛光砖地面 | 适用部位 | 5.8～10厚防滑地砖面层<br>4.20厚1:3干硬性水泥砂浆结合层，表面撒水泥粉<br>3.1.5厚JS复合防水涂料(2～3遍)，在地漏、阴阳角、穿板竖管等部位局部加强宽度300，翻起至楼面标高以上300，并沿门洞向无水房间扩出300<br>2.最薄处30厚C20细石混凝土，表面撒1:1水泥砂子随打随抹光，找坡2%坡向排水沟<br>1.现浇钢筋混凝土板抹平压光，与墙体交接处同墙厚、同强度等级素混凝土四周翻边，高于建筑完成面250，一次性浇捣 | 阳台楼面 |
| 6.复合木地板或抛光砖+10mm厚水泥砂浆结合层<br>5.30厚C20细石混凝土，随捣随抹平(内配双向φ6@150钢筋网片)<br>4.10厚挤塑聚苯板保温层<br>3.80厚C15混凝土层<br>2.200厚碎石垫层<br>1.素土夯实 | 一层门厅、客厅、餐厅、卧室地面 | | |
| ■ 地面2：防水地面1 | 适用部位 | | |
| 7.8～10厚防滑地砖面层<br>6.20厚1:3干硬性水泥砂浆结合层<br>5.1.5厚JS复合防水涂料(2～3遍)，四周上翻至楼面标高以上300<br>4.10厚1:3水泥砂浆打底<br>3.80厚C15混凝土层<br>2.200厚碎石垫层<br>1.素土夯实 | 一层入口、厨房地面 | ■ 楼面3：防水楼面2 | 适用部位 |
| | | 7.8～10厚防滑地砖面层<br>6.20厚1:3干硬性水泥砂浆结合层，表面撒水泥粉<br>5.30厚C20细石混凝土随捣随抹平面<br>4.陶粒增强混凝土填料1%坡度坡向地漏(厚度根据实际高度定填)<br>3.1.5厚JS复合防水涂料(2～3遍)，在地漏、阴阳角、穿板竖管等 部位局部加强宽度300，翻起至楼面标高以上300，并沿门洞向无水房间扩出300<br>2.5厚聚合物水泥防水砂浆<br>1.现浇钢筋混凝土板抹平压光，四周同墙厚、同强度等级素混凝土四周翻边，高于建筑完成面250，一次性浇捣 | 下沉式卫生间楼面 |
| ■ 楼面1：复合木地板、抛光砖保温楼面 | 适用部位 | | |
| 4.复合木地板或抛光砖+10厚水泥砂浆结合层<br>3.30厚C20细石混凝土，随捣随抹平(内配双向φ6@150钢筋网片)<br>2.10厚挤塑聚苯板保温层<br>1.钢筋混凝土板修平 | 二层、三层卧室、书房楼面，室内楼梯地面 | | |

图 3-4　某某小区别墅楼地面做法

## 三、节能设计识读

　　节能设计包括节能设计依据、主要节能构造措施、围护结构节能概述、主要围护结构构造特点及主要技术指标（图 3-5）、居住建筑节能设计表（图 3-6）、本工程门窗所选用产品的 $K$ 值及其他必须满足本设计的要求。

| 部位 | 围护结构构造简图及编号 | 构造做法 | 主要保温隔热材料主要技术指标 |
|---|---|---|---|
| 主墙体1 | 4 3 2 1 内/外 | 1. 外墙涂料<br>2. 30mm无机轻集料保料(保温砂)浆Ⅱ型<br>3. 200mm烧结页岩多孔砖(MU10)<br>4. 20mm水泥砂浆 | 无机轻骨料保温砂浆Ⅱ型<br>导热系数λ [W/(m·K)] 0.085<br>蓄热系数s [W/(m²·K)] 1.50<br>热惰性指标D=R·S 0.53<br>修正系数α 1.25 |
| 主墙体2 | 4 3 2 1 内/外 | 1. 铝板(石材)干挂<br>2. 50mm岩棉板<br>3. 200mm烧结页岩多孔砖(MU10)<br>4. 20mm水泥砂浆 | 岩棉板<br>导热系数λ [W/(m·K)] 0.044<br>蓄热系数s [W/(m²·K)] 0.75<br>热惰性指标D=R·S 0.51<br>修正系数α 1.30 |
| 热桥1 | 4 3 2 1 内/外 | 1. 5厚抗裂砂浆<br>2. 30mm无机轻集料保料(保温砂)浆Ⅱ型<br>3. 钢筋混凝土<br>4. 20mm水泥砂浆 | 无机轻集料保料保温砂浆Ⅱ型<br>导热系数λ [W/(m·K)] 0.085<br>蓄热系数s [W/(m²·K)] 1.50<br>热惰性指标D=R·S 0.53<br>修正系数α 1.25 |
| 热桥2 | 4 3 2 1 内/外 | 1. 50mm岩棉板<br>2. 5厚抗裂砂浆<br>3. 钢筋混凝土<br>4. 20mm水泥砂浆 | 岩棉板<br>导热系数λ [W/(m·K)] 0.044<br>蓄热系数s [W/(m²·K)] 0.75<br>热惰性指标D=R·S 0.51<br>修正系数α 1.30 |
| 分户墙 | 1 2 3 内/外 | 1. 20mm水泥砂浆<br>2. 200mm烧结多孔砖、烧结空心砖<br>3. 20mm水泥砂浆 | 烧结多孔砖、烧结空心砖<br>导热系数λ [W/(m·K)] 0.580<br>蓄热系数s [W/(m²·K)] 7.92<br>热惰性指标D=R·S 2.73<br>修正系数α 1.00 |
|  屋面 |  外/内 | 1. 40mm细石混凝土(双向配筋)一道<br>2. 土工布隔离层<br>3. 60mm挤塑聚苯板保温层(按计算厚度48mm,增加25%)<br>4. 20mm水泥砂浆<br>5. 轻骨料混凝土1(陶粒)等找坡层最薄处达30mm<br>6. 现浇钢筋混凝土屋面板 | 挤塑聚苯板<br>导热系数λ [W/(m·K)] 0.030<br>蓄热系数s [W/(m²·K)] 0.32<br>热惰性指标D=R·S 0.11<br>修正系数α 1.20 |
| 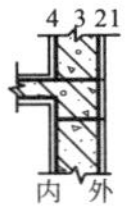 保温楼板 |  | 1. 30mm细石混凝土<br>2. 10mm挤塑聚苯板保温层<br>3. 钢筋混凝土 | 挤塑聚苯板<br>导热系数λ [W/(m·K)] 0.030<br>蓄热系数s [W/(m²·K)] 0.32<br>热惰性指标D=R·S 0.11<br>修正系数α 1.20 |
| 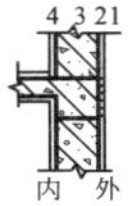 飘窗 |  | 1. 铝板(石材)干挂<br>2. 30mm岩棉板<br>3. 5厚抗裂砂浆 | 岩棉板<br>导热系数λ [W/(m·K)] 0.044<br>蓄热系数s [W/(m²·K)] 0.75<br>热惰性指标D=R·S 0.51<br>修正系数α 1.30 |

图 3-5 某某小区别墅主要围护结构构造特点及主要技术指标

| 围护结构项目 | | 限值 传热系数限值K W/(m²·K) | 限值 遮阳系数限值SW | 设计建筑 平均传热系数K W/(m²·K) | 设计建筑 遮阳系数SW | 设计建筑 节能构造措施 | 节能构造做法 |
|---|---|---|---|---|---|---|---|
| 屋顶 | 非透明部分 | □0.7 ☑0.6 □0.8 | — | 0.58 | — | 挤塑聚苯板60mm(按计算厚度48mm增加25%) | 见表1及建筑总说明 |
| | 透明部分 | ☑1.5 □1.2 □1.8 | — | — | — | | |
| 外墙(含非透明幕墙) | | | — | 0.82 | — | 主体:200mm烧结页岩多孔砖(MU10);30mm无机轻集料保温砂浆Ⅱ型;50mm岩棉板 | 见表1及建筑总说明 |
| 外窗及窗墙比(含透明幕墙) | 南 0.52 | 1.90 | 夏0.25,冬0.60 | 2.40 | 夏0.35,冬0.35 | 隔热金属型材多腔密封6mm中透光Low-E+12mm空气+6mm透明 | — |
| | 北 0.37 | 2.00 | — | 2.40 | 夏0.40,冬0.40 | 隔热金属型材多腔密封6mm中透光Low-E+12mm空气+6mm透明 | — |
| | 东 0.31 | 2.10 | 夏0.40 | 2.40 | 夏0.40,冬0.40 | 隔热金属型材多腔密封6mm中透光Low-E+12mm空气+6mm透明 | — |
| | 西 0.31 | 2.10 | 夏0.40 | 2.40 | 夏0.40,冬0.40 | 隔热金属型材多腔密封6mm中透光Low-E+12mm空气+6mm透明 | — |
| 分户墙和楼梯间隔墙 | | 2.0 | — | 1.47 | — | 烧结多孔砖、烧结空心砖(200.0mm) | 见表1 |
| 楼板 | | 2.0 | — | 1.69 | — | | — |
| 凸窗不透明板 | | — | — | 1.31 | — | 挤塑聚苯板(10.0mm) | — |
| 底层接触室外空气的架空或外挑楼板 | | 1.00 | — | | — | | — |
| 户门 | | 2.00(通住封闭空间) | — | 2.0 | — | 节能外门 | 市售"三合一"门,满足节能要求 |
| 设计建筑是否满足规定性指标 | | | | ☑是 □否 | | | |
| 设计建筑能耗kW·h/m² | | 25.57 | | 25.53 | | | |
| 参照建筑能耗kW·h/m² | | 25.57 | | | | | |

图3-6 某某小区别墅居住建筑节能设计表

# 3.2 门窗表及其他文件

门窗表（表3-4）一般有门窗的类型、设计编号、洞口尺寸（宽和高）、樘数、选用型号、备注等栏目，是对工程中的所有门窗的统计，是门窗工程描述的补充。必要时，将过梁也列在一起，称为"门窗过梁表"。为了查阅方便，门窗表也可以放到门窗大样图旁边。

某工程门窗表 表3-4

| 类型 | 设计编号 | 洞口尺寸(mm) | | 樘数 | | | 选用型号 | 备注 |
|---|---|---|---|---|---|---|---|---|
| | | 宽 | 高 | 一层 | 二层 | 三层 | | |
| 门 | LM1526 | 1500 | 2600 | 1 | | | 尺寸见详图 | 户门 |
| | LM1526a | 1500 | 2600 | 1 | | | 尺寸见详图 | 户门 |
| | LM1125 | 1100 | 2500 | | 2 | | 尺寸见详图 | 铝合金平开门 |
| 门连窗 | MLC9426 | 9400 | 2600 | 1 | | | 尺寸见详图 | 铝合金门连窗 |
| | MLC9626 | 9600 | 2600 | 1 | | | 尺寸见详图 | 铝合金门连窗 |
| | MLC3025 | 3000 | 2500 | | 1 | | 尺寸见详图 | 铝合金门连窗 |
| | MLC3025a | 3000 | 2500 | | 1 | | 尺寸见详图 | 铝合金门连窗 |
| | MLC3325 | 3300 | 2500 | | | 2 | 尺寸见详图 | 铝合金门连窗 |
| | MLC3325a | 3300 | 2500 | | | 2 | 尺寸见详图 | 铝合金门连窗 |
| 窗 | LC4626 | 4600 | 2600 | 1 | | | 尺寸见详图 | 铝合金平开窗 |
| | LC5326 | 5300 | 2600 | 1 | | | 尺寸见详图 | 铝合金平开窗 |
| | LC2426 | 2400 | 2600 | 1 | | | 尺寸见详图 | 铝合金平开窗 |
| | LC2426a | 2400 | 2600 | 1 | | | 尺寸见详图 | 铝合金平开窗 |
| | LC1116 | 1100 | 1600 | 2 | | | 尺寸见详图 | 铝合金平开窗 |
| | LC0716 | 700 | 1600 | 8 | | | 尺寸见详图 | 铝合金平开窗 |
| | LC2419 | 2400 | 1900 | | 1 | | 尺寸见详图 | 铝合金平开窗 |
| | LC2419a | 2400 | 1900 | | 1 | | 尺寸见详图 | 铝合金平开窗 |
| | LC2425 | 2400 | 2500 | | 2 | | 尺寸见详图 | 铝合金平开窗 |
| | LC4319 | 4300 | 1900 | | 1 | | 尺寸见详图 | 铝合金平开窗 |
| | LC4319a | 4300 | 1900 | | 1 | | 尺寸见详图 | 铝合金平开窗 |
| | LC1715 | 1700 | 1500 | | 1 | 1 | 尺寸见详图 | 铝合金平开窗 |
| | LC1715a | 1700 | 1500 | | 1 | 1 | 尺寸见详图 | 铝合金平开窗 |
| | LC0715 | 700 | 1500 | | 2 | 2 | 尺寸见详图 | 铝合金平开窗 |
| | LC2615 | 2600 | 1500 | | 2 | | 尺寸见详图 | 铝合金平开窗 |
| | LC1115 | 1100 | 1500 | | 2 | 1 | 尺寸见详图 | 铝合金平开窗 |
| | LC1015 | 1000 | 1500 | | 2 | 2 | 尺寸见详图 | 铝合金平开窗 |
| | LC3425 | 3400 | 2500 | | | 2 | 尺寸见详图 | 铝合金平开窗 |
| | LC1415 | 1400 | 1500 | | | 2 | 尺寸见详图 | 铝合金平开窗 |

注：1. 本工程门窗中的外开窗及固定窗玻璃均采用安全玻璃。
2. 各种型号门窗的数量及洞口尺寸应与实际工程现场核对。
3. 所有门窗开启方向以平面和立面示意为准，门窗的开启方式以大样为准，开启角度大于45°。

# 3.3 建筑总平面图

　　房屋建筑总平面图是在建设基地的地形图上，把已有的、新建的和拟建的建筑物、构筑物以及道路、绿化等按与地形图同样的比例绘制出来的平面图。它表明新建房屋的平面轮廓形状、层数、室内外标高、与原有建筑物的相对位置、周围环境、地貌地形、道路和绿化的布置等情况，是新建房屋及其他设施的施工定位、土方施工，以及设计水、电、暖、煤气等管线总平面图的依据。

## 一、总平面图的基本概念

### 1. 图名
图名：总平面图。

### 2. 比例
建筑总平面图所表示的范围比较大，一般采用的比例有 1：500、1：1000、1：2000。
【小提示】比例一般跟在图名后面，书写时数字比汉字稍低，置于总平面图的下方。

### 3. 标高
标高用来表示建筑物各部位的高度，单位默认为米（m），且不注出。应以含有±0.00 标高的平面作为总图平面。总平图中标注的标高应为绝对标高，如标注相对标高，则应注明相对标高与绝对标高的换算关系。

　　（1）标高符号应用等腰三角形表示，用细实线绘制，如图 3-7 所示。

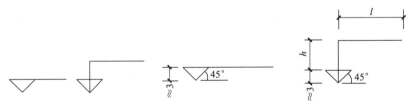

图 3-7　室内标高符号

　　（2）总平面图室外地坪标高符号宜用涂黑的三角形表示，如图 3-8 所示。
　　（3）标高符号的尖端应指至被注高度的位置，尖端一般应向下，也可向上（图 3-9）。标高数字应注写在标高符号的左侧或右侧。

图 3-8　室外标高符号　　　　　图 3-9　标高数字注写

【小提示】总平面图标高保留两位小数，其他图上标高保留三位小数。

**4. 指北针**

指北针（图 3-10）用细实线绘制，圆的直径为一般为 24mm，尾部宽 3mm，指针头部标注"北"或"N"字。若需要把指北针画得更大时，指针尾部的宽度宜为直径的 1/8。指北针一般指向正上方，也可以在左右 45°范围内偏转。

**5. 风向玫瑰图**

风向玫瑰图又称风频图，是将风向分为 8 个或 16 个方位，在各方向线上按各方向风的出现频率（所用的资料通常采用一个地区多年的平均统计资料）截取相应的长度，将相邻方向线上的截点用直线连接起来的闭合折线图形（图 3-11）。图中实线表示全年风向频率，虚线表示夏季（6～8 月）风向频率。

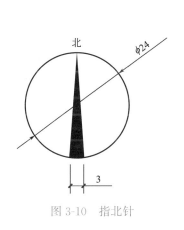

图 3-10　指北针

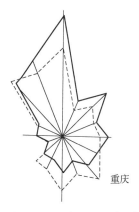

图 3-11　重庆地区风频图

**6. 建筑物定位方式**

在总平面图中标定新建房屋位置的方式叫定位方式。主要建筑物、构筑物常用坐标定位，较小的建筑物、构筑物可用尺寸定位。

在大范围和复杂地形的总平面图中，为了保证施工放线正确，往往以坐标表示建筑物、道路或管线的位置，这就是坐标定位。坐标有测量坐标与施工坐标两种系统，如图 3-12 所示。坐标网格应以细实线表示，一般画成 100m×100m 或 50m×50m 的方格网。测量坐标网应画成交叉十字线，坐标代号宜用"X、Y"表示；施工坐标网应画成网格通线，坐标代号宜用"A、B"表示。图中 X 为南北方向轴线，X 的增量在 X 轴线上；Y 为东西方向轴线，Y 的增量在 Y 轴线上。A 轴相当于测量坐标网中的 X 轴，B 轴相当于 Y 轴。

在总平面图上绘有测量和施工两种坐标系统时，应在附注中注明两种坐标系统的换算公式；如无施工坐标系统时，则应标出主要建筑群的轴线与测量坐标轴的交角。表示建筑物位置的坐标，宜注其三个角的坐标，如图 3-12 所示。若建筑物与坐标轴线平行，可标注其对角坐标。

将新建房屋所在的地区具有明显标志的地物定为"0"点，用建筑物墙角距"0"点的距离确定新建房屋的位置，这就是尺寸定位。建筑坐标轴与平面图的轴线平行或垂直。

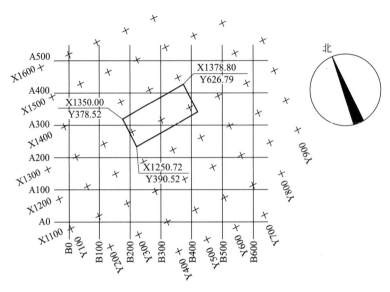

图 3-12　坐标网格

【练一练】如图 3-13 所示，在尺寸定位示例中能识读到的信息有：拟建建筑长 35.44m，宽 16.24m，横纵轴线垂直并与教学楼轴线相互平行。从图中知，拟建建筑北墙距离教学楼南墙 26m，拟建建筑西墙距离西侧围墙 14.5m，此二尺寸为拟建建筑的定位尺寸。

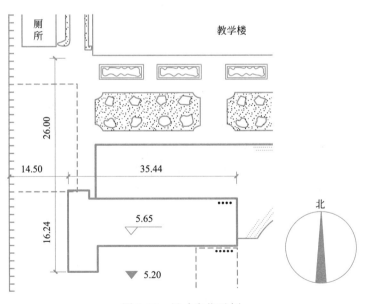

图 3-13　尺寸定位示例

### 7. 图例

由于总平面图采用小比例绘制，有些图示内容不能按真实形状表示，因此在绘制总平面图时，通常按"国标"规定的图例画出（表 3-5 为总平面图常用图例）。

总平面图常用图例节录（摘自 GB/T 50103—2010） 表 3-5

| 序号 | 名称 | 图例 | 备注 |
|------|------|------|------|
| 1 | 新建建筑物 | 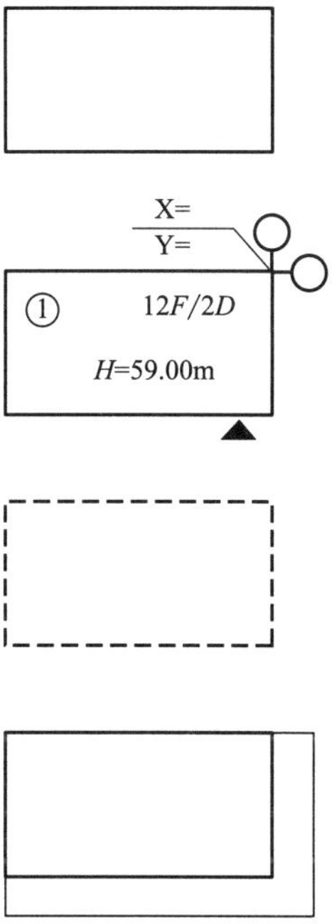 X=<br>Y=<br>① 12F/2D<br>H=59.00m | 新建建筑物以粗实线表示与室外地坪相接处±0.00外墙定位轮廓线<br>建筑物一般以±0.00高度处的外墙定位轴线交叉点坐标定位。轴线用细实线表示，并标明轴线号<br>根据不同设计阶段标注建筑编号，地上、地下层数，建筑高度，建筑出入口位置(两种表示方法均可，但同一图纸采用一种表示方法)<br>地下建筑物以粗虚线表示其轮廓<br>建筑上部(±0.00以上)外挑建筑用细实线表示<br>建筑物上部连廊用细虚线表示并标注位置 |
| 2 | 原有建筑物 | 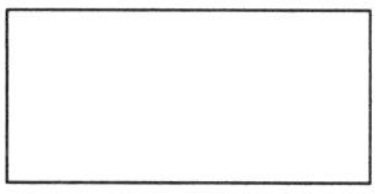 | 用细实线表示 |
| 3 | 计划扩建的预留地或建筑物 |  | 用中粗虚线表示 |
| 4 | 拆除的建筑物 | 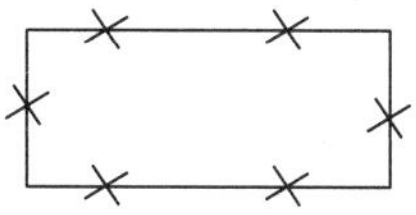 | 用细实线表示 |
| 5 | 建筑物下面的通道 | 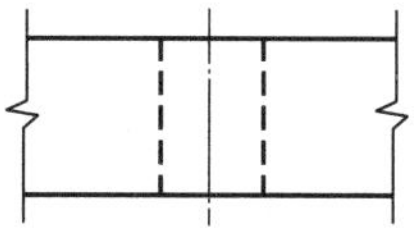 | — |
| 18 | 围墙及大门 |  | — |
| 19 | 挡土墙 | 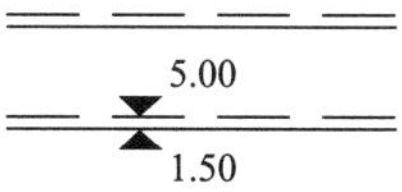 5.00<br>1.50 | 挡土墙根据不同设计阶段的需要标注墙顶标高<br>墙底标高 |
| 20 | 挡土墙上设围墙 |  | — |

续表

| 序号 | 名称 | 图例 | 备注 |
|---|---|---|---|
| 21 | 台阶及无障碍坡道 | 1. <br> 2. 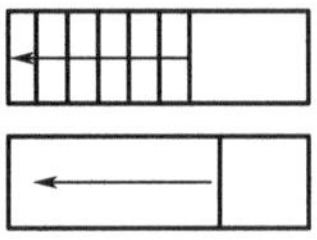 | 1. 表示台阶(级数仅为示意) <br> 2. 表示无障碍坡道 |
| 28 | 坐标 | 1. X=105.00 Y=425.00 <br> 2. 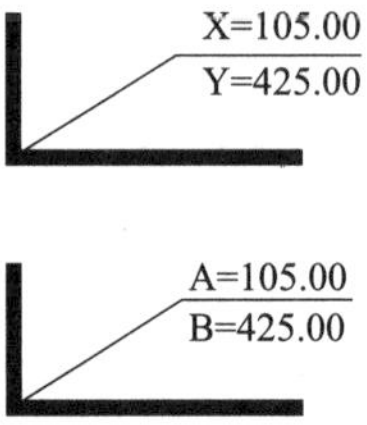 A=105.00 B=425.00 | 1. 表示地形测量坐标系 <br> 2. 表示自设坐标系 <br> 坐标数字平行于建筑标注 |
| 29 | 方格网交叉点标高 | 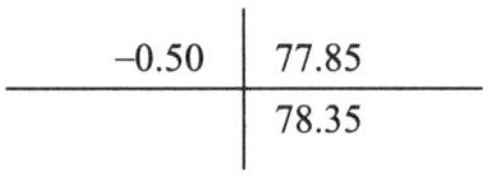 −0.50 \| 77.85 <br> 78.35 | "78.35"为原地面标高 <br> "77.85"为设计标高 <br> "−0.50"为施工高度 <br> "−"表示挖方("+"表示填方) |
| 30 | 填方区、挖方区、未整平区及零线 | 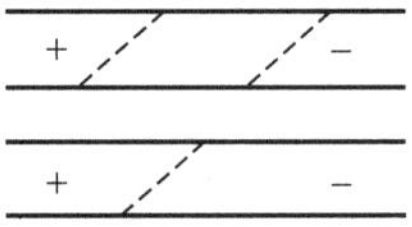 + / − <br> + / − | "+"表示填方区 <br> "−"表示挖方区 <br> 中间为未整平区 <br> 点画线为零点线 |
| 31 | 填挖边坡 | 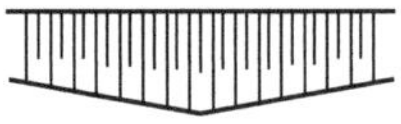 | — |
| 34 | 地表排水方向 |  | — |
| 35 | 截水沟 | 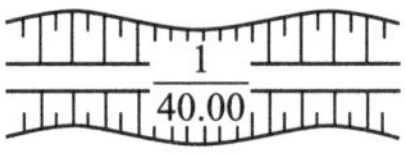 1 <br> 40.00 | "1"表示1%的沟底纵向坡度,"40.00"表示变坡点间距,箭头表示水流方向 |
| 36 | 排水明沟 | 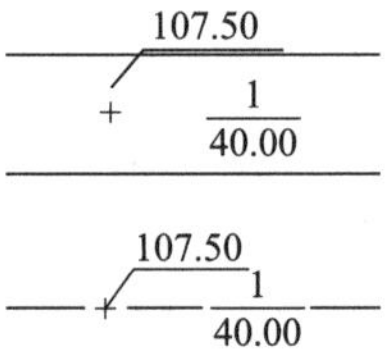 107.50 + 1/40.00 <br> 107.50 1/40.00 | 上图用于比例较大的图面 <br> 下图用于比例较小的图面 <br> "1"表示1%的沟底纵向坡度,"40.00"表示变坡点间距,箭头表示水流方向 <br> "107.50"表示沟底变坡点标高(变坡点以"+"表示) |
| 37 | 有盖板的排水沟 | 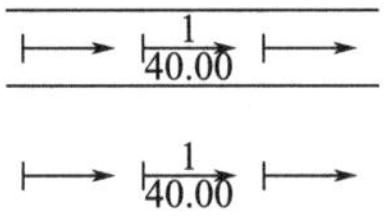 1/40.00 <br> 1/40.00 | — |
| 38 | 雨水口 | 1. <br> 2. <br> 3. 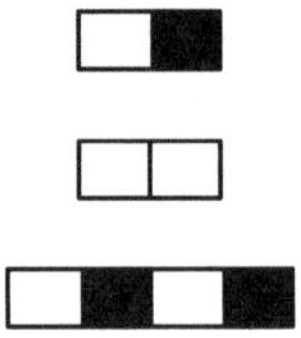 | 1. 雨水口 <br> 2. 原有雨水口 <br> 3. 双落式雨水口 |

续表

| 序号 | 名称 | 图例 | 备注 |
|---|---|---|---|
| 39 | 消火栓井 | | — |
| 45 | 室内地坪标高 | 151.00<br>(±0.00) | 数字平行于建筑物书写 |
| 46 | 室外地坪标高 | 143.00 | 室外标高也可采用等高线 |
| 47 | 盲道 | | — |
| 48 | 地下车库入口 | | 机动车停车场 |
| 49 | 地面露天<br>停车场 | | — |
| 50 | 露天机械<br>停车场 | | 露天机械停车场 |

【小提示】当要表达的对象没有标准图例时，设计者可以自己设计图例，但须在总图旁边注明图例的含义。

## 二、建筑总平面图的识读

1. 弄清图名、比例，查看相关图例及文字说明。

2. 找到拟建建筑，弄清其平面形状、大小、层数、朝向、标高等。

3. 查找拟建建筑定位方式，即弄清拟建建筑物的位置是如何确定的。建筑物的定位方式有三种：一是按原有建筑物或原有道路定位（尺寸定位），二是按大地测量坐标定位，三是按施工坐标定位。

4. 查看拟建房屋周围地形地貌。

5. 查看周围建筑、道路、绿化等。

# 3.4 识图实训：识读小型工程建筑施工图首页图

**工作页1**

班级：_____ 姓名：_____ 学号：_____ 成绩：_____

1. 总平面图中尺寸标注正确的是（　　　）。

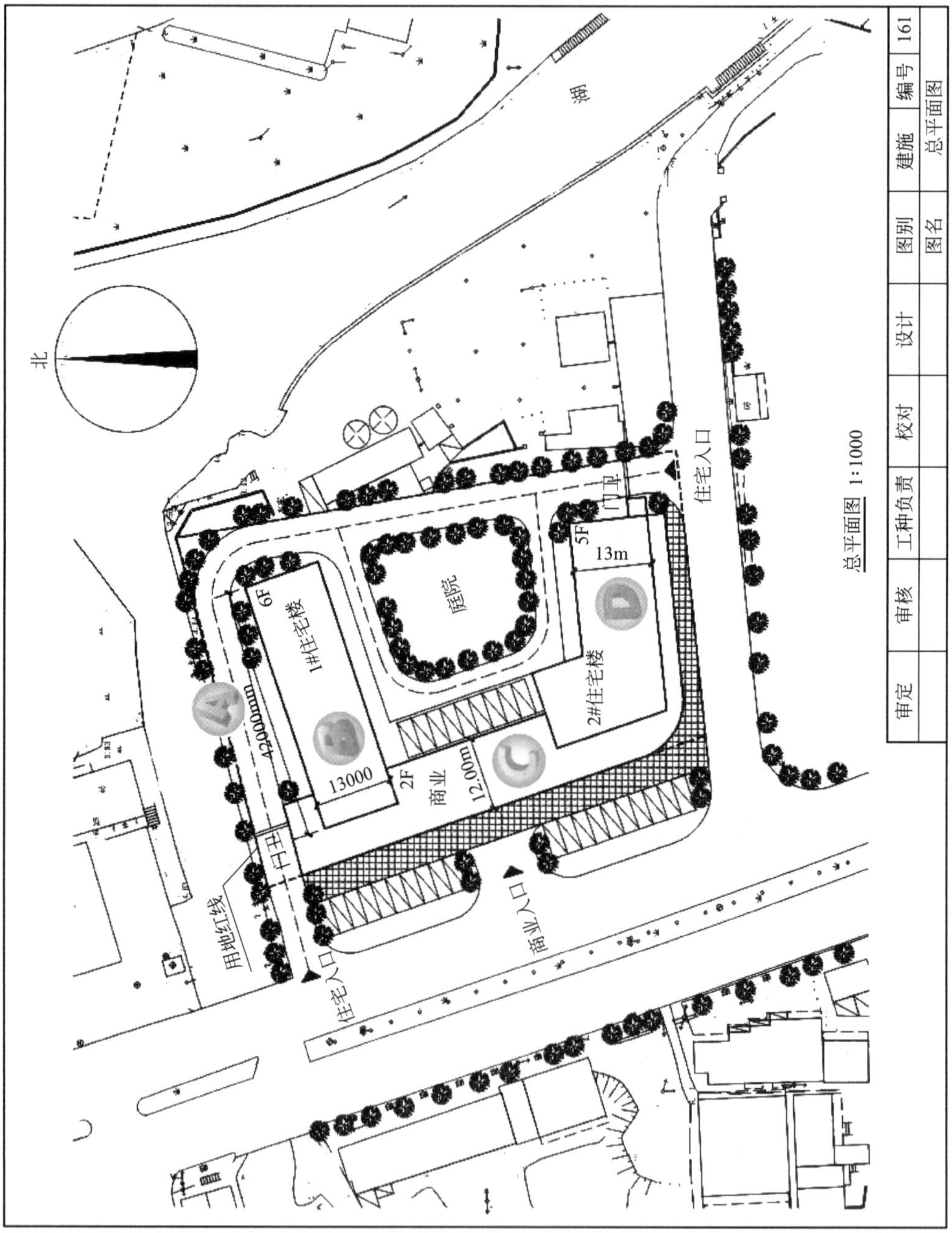

总平面图 1:1000

| 审定 | 审核 | 工种负责 | 校对 | 设计 | 图别 | 建施 | 编号 | 161 |
| | | | | | 图名 | 总平面图 | | |

2. 下图为某教学楼总平面图，尺寸标注正确的是（　　　）。

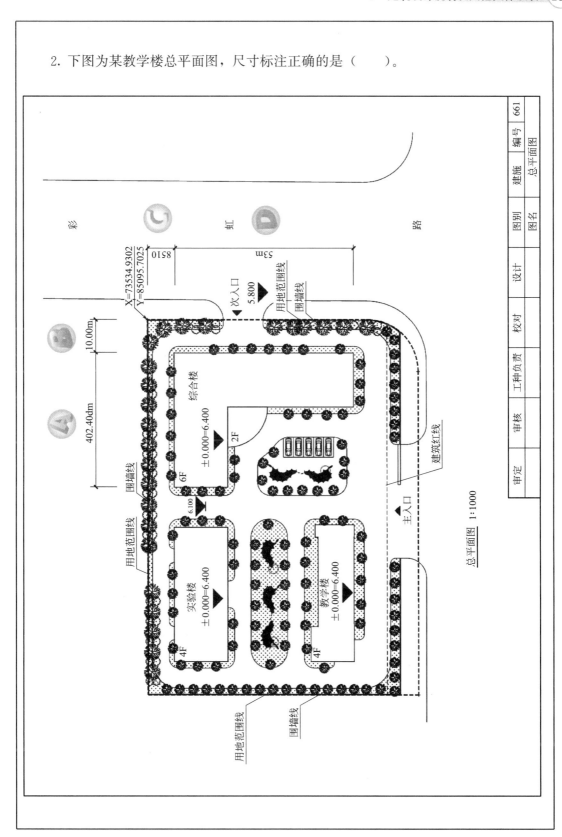

总平面图 1:1000

# 4　建筑平面图识读

**学习重点**

1. 理解建筑平面图的形成和用途；
2. 掌握建筑平面图图示内容；
3. 会识读建筑平面图。

**技能要求**

1. 能识读建筑平面图中的主要构件信息；
2. 能结合相关图例及符号理解建筑平面图中构件关系、做法等；
3. 能依据制图标准，根据任务要求，抄绘小型工程建筑平面图。

**拓展阅读**

　　建筑平面图是建筑师的专用语言之一，它是整个建筑施工图的根基，能反映出建筑设计师的设计理念和想法。通过大量地阅读经典建筑平面图，精确识读图纸中的表现手法、形式美学、组织方法等，理解设计师的设计意图，能更好地帮助我们了解建筑设计巧妙的细节，增强空间控制力和平面立体感，增加自身文化自信。

　　首位获得"建筑界的诺贝尔奖"普利兹克奖的中国建筑师王澍说："从空间格局到材料和建造技术，我希望留下的不只是一座建筑，而是一套完整的语言，去探索这个时代新的《营造法式》。"

　　每组建筑，都是他内心世界的呈现、深厚的传统文化修养和多年的手作营造经验，这种创新意识赋予建筑的不仅是结构，而是建筑的文化内涵。

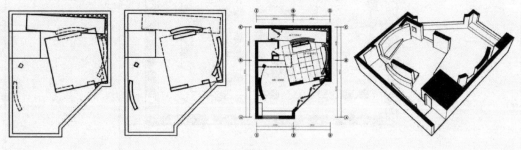

图 4-1　王澍设计的陈默艺术工作室平面图

# 4.1　建筑平面图的形成与作用

## 一、建筑平面图的形成

假想用一个水平的剖切平面经门窗洞口，沿房屋外轮廓线剖开，移去上部后向下投影所得的水平投影图，称为建筑平面图，如图 4-2 所示。

【小提示】建筑平面图实质上也是多层信息的叙事性水平剖面图，但按习惯不必标注其剖切位置，也不称为剖面图。

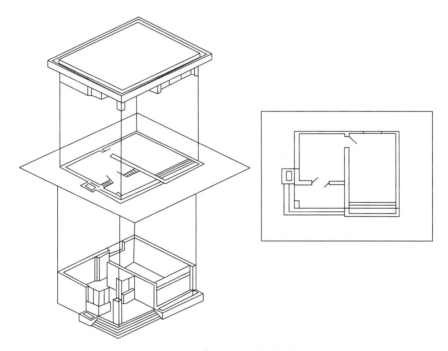

图 4-2　建筑平面图的形成

在建筑施工图中，对于多层楼房，原则上每一楼层均要绘制一个平面图，并在平面图下方注写图名（如底层平面图、二层平面图等）。若房屋某几层平面布置相同，可将其作为标准层，并在图样下方注写适用的楼层图名（如三～五层平面图）。若房屋对称，可利用其对称性，在对称符号的两侧各画半个不同楼层平面图。若建筑平面较大，可分段绘制，并在每个分段平面右侧绘制出整个建筑外轮廓缩小平面，明示该段所在位置。

## 二、建筑平面图的作用

建筑平面图是建筑设计、施工图纸中的基本图样之一。建筑平面图主要反映建筑的平面形状、项目功能、空间布局、空间关系，室内结构和构造关系。

建筑平面图可作为施工放线，砌筑墙、柱，门窗安装和室内装修及编制预算的重要依据，是决定建筑立面及内部结构的关键环节。

# 4.2　建筑平面图的图示内容

## 一、建筑平面图的图示内容及表示方法

1. 图名和绘图比例：图名一般按其所表示的层数来称呼，注写在平面图下方，下绘一条粗实线；平面图常用比例是 1∶50、1∶100、1∶200。

2. 定位轴线及编号：定位轴线是各构件在长宽方向的定位依据。凡是承重的墙、柱、梁，都必须标注定位轴线，并按顺序予以编号，编号注在轴线端部用细实线绘制的圆内，圆的直径应为 8~10mm。横向定位轴线用阿拉伯数字从左向右编号，纵向定位轴线用大写拉丁字母从下向上顺序编号，I、O、Z 不能用于定位轴线编号。

3. 图线：凡被剖切到的墙体、柱断面用粗实线绘制；未被剖切的可见轮廓线用中粗实线绘制；较小的构配件图例线、尺寸线等用细实线绘制；定位轴线用细单点长画线绘制。

4. 尺寸标注：包括内部尺寸和外部尺寸，可以反映出各房屋的开间、进深，门窗及各设备的尺寸。外部尺寸一般标注三道，包括细部尺寸、定位尺寸和外包总尺寸；内部尺寸为外墙以内的全部尺寸。此外，对室外的散水、台阶、坡道、雨篷等处可另外标注局部尺寸。

5. 标高符号：标注在地面、楼面、楼梯平台、台阶、走道、阳台等处，一般为相对标高，在不同标高的地面应画出分界线。

6. 房屋的平面布置：反映各房间和各承重构件的位置和平面形状，还有出入口、门窗、楼梯、走道等的平面位置、数量，房屋装饰、水电设备配置等大致情况。

7. 门窗编号：国家标准中规定门的名称代号用 M 表示，窗的名称代号用 C 表示，并加以编号。

8. 剖面符号和索引符号：剖切符号一般在底层平面图中应标注剖面图的剖切位置线和投影方向，并注出编号；凡套用标准图集或另有详图表示的构配件、节点，均需画出详图索引符号，以便对照阅读。

9. 指北针：一般在底层平面图要画出指北针符号，以表明房屋的朝向。指北针圆的直径宜为 24mm，用细实线绘制；指针尾部的宽度宜为 3mm，指针头部应注"北"或"N"字。

【想一想】如图 4-3 所示，建筑底层平面图的图示内容包括哪些？

## 二、建筑平面图的读图步骤和注意事项

阅读平面图时，应由低向高逐层阅读平面图，尤其应注意各层平面图的变化之处。

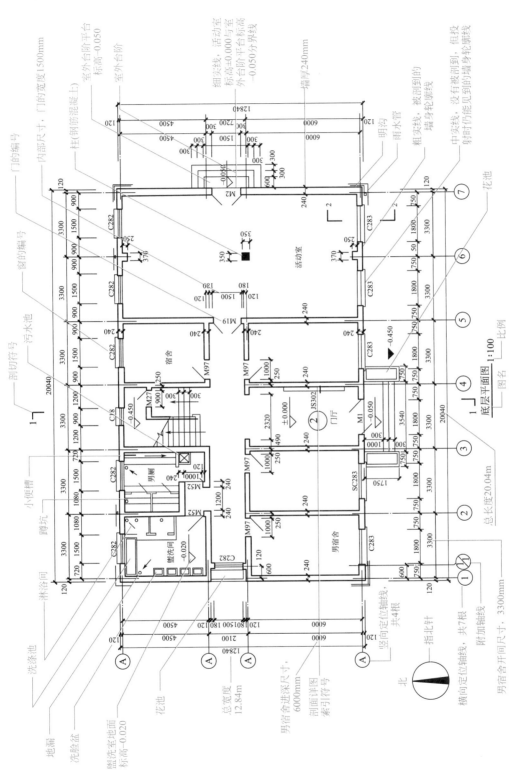

图 4-3　建筑底层平面图的图示内容

1. 看清图名和绘图比例，以及有关文字说明。

2. 识读建筑物朝向、平面形状、定位轴线和编号。

3. 了解各房间的位置、空间联系、开间与进深和细部尺寸。

4. 了解墙的厚度，门窗和柱的位置、数量和型号。

5. 识读建筑物的标高，分析各部位的高差。

6. 了解房屋细部构造和设备配置等情况。

7. 查看剖切位置与详图索引符号。

4-1

建筑平面图
识读

【练一练】正确识读建筑平面图。

1. 识读建筑底层平面图，如图4-4所示。

（1）表明建筑物的平面形状及房间的内部布局，有储藏室和2部楼梯等。

（2）图名为一层平面图，比例1:100，文字说明包括建筑面积、图中未标明的门垛尺寸等。

（3）建筑物总长27640mm，总宽12620mm。一层平面中标明楼梯开间2800mm，进深6000mm。

（4）图中共有15条横向定位轴线，6条纵向定位轴线。

（5）首层室内标高为±0.000，室外标高为－0.150，室内外高差150mm。

（6）门的编号为M1524、LPM1821、JLM3230、JLM3130、JLM2830，窗的编号为C1515、C1215。

（7）标注室外坡道有4处，坡道长1000mm/1200mm，围着建筑物有一圈散水，宽度为600mm。

（8）图中有一个贯穿南北的剖切符号1-1在⑫～⑬轴之间。

（9）图中有4处索引符号，$\frac{1}{16}$代表16号施工图中的1号详图，图名为墙身大样（一）。$\frac{7}{31}$代表坡道参考02J003图集的第31页7号详图。

（10）指北针能表明建筑物的朝向为北偏西。

2. 识读建筑标准层平面图，如图4-5所示。

该楼层平面图与首层平面图的不同之处有：

（1）房间的布局不同，包括A户型、B户型、C户型。各户型包括功能房间有：卧室、客厅、餐厅、厨房等。

（2）图中有3个楼层标高：6.800、9.800、12.800。卫生间及厨房楼面标高在说明中指出：比相应地面低30mm。

（3）门的编号为FDM1221、M2424，窗的编号为C1515、C1215。

（4）楼梯内表示有上下两个梯段。

（5）雨篷：为了保护大门和便于人们出入，凡在底层平面图中有室外台阶或坡道处，在二层平面图或标准平面图中需画出大门上的雨篷。

3. 识读建筑屋顶层平面图，如图4-6所示。

屋顶层平面图识读重点如下：

（1）表明屋顶形状和尺寸，以及突出屋面的楼梯间、水箱、烟道、通风道、检查孔、平台、老虎窗等具体位置。

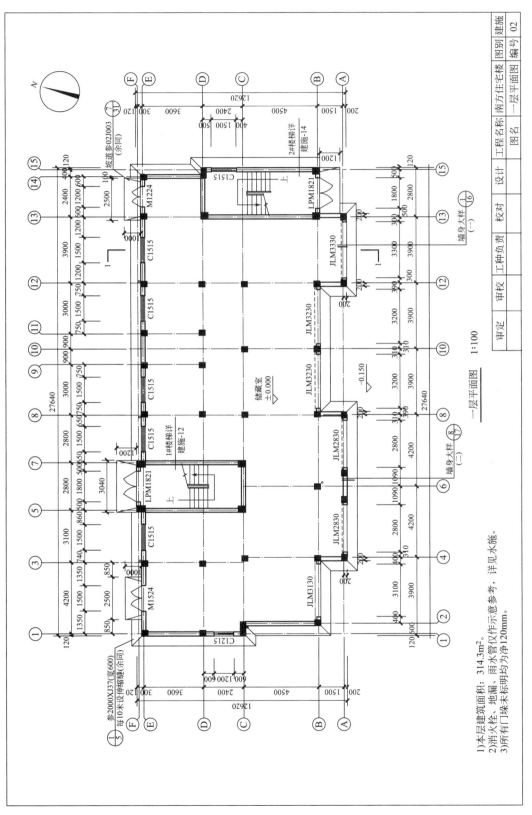

一层平面图 1:100

1)本层建筑面积:314.3m²。
2)消火栓、地漏、雨水管仅作示意参考,详见水施。
3)所有门垛未标明均为净120mm。

图 4-4 建筑底层平面图图例

| 设计 | | 校对 | | 工种负责 | | 审校 | | 审定 | |

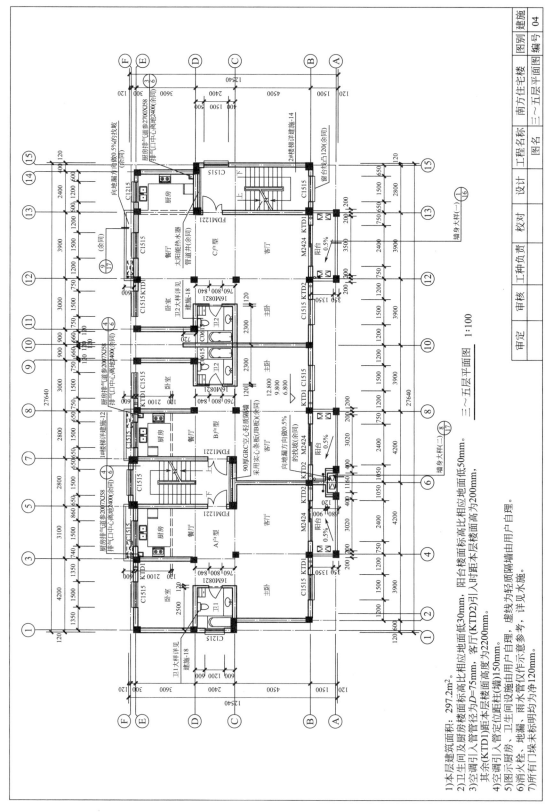

图 4-5 建筑标准层平面图图例

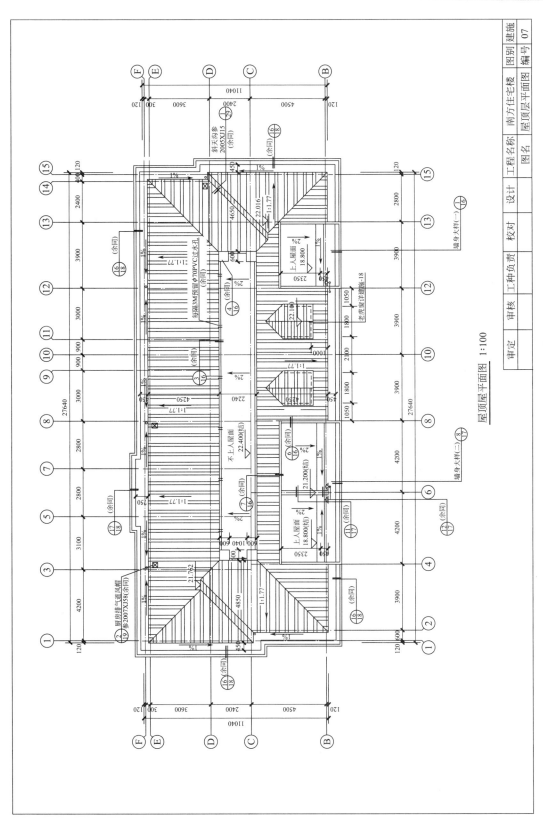

屋顶屋平面图 1:100

图 4-6 建筑屋顶层平面图图例

（2）表示出屋面排水分区情况、屋脊、天沟、屋面坡度及排水方向和下水口位置等。

（3）屋顶平面图标高较多，可结合建筑立面图和建筑剖面图分析屋顶。

（4）屋顶构造复杂的部位需加注详图索引符号。

【小提示】识读平面图时，应从粗到细、从大到小、由低向高逐层阅读平面图。还需细看总说明和附注附表，配合建筑立面图、剖面图、详图等识读，分析建筑内部空间布局和空间构造关系。注意单位，一般除标高以"m"标注外，图纸上如有不特别注明的，一般是以"mm"为单位。

## 三、建筑平面图的绘制方法与步骤

建筑平面图的绘制是一个非常繁琐的过程，其中包含了很多图形元素。在绘制过程中，应严格执行制图标准，仔细认真，不出现漏画现象。

4-2

建筑平面图绘制

【小提示】建筑平面图按正投影法绘制，绘制方向宜与总平面图一致。在同一张图纸上绘制多于一层的平面图时，各层平面图宜按层数由低向高的顺序从左至右或从下至上布置。

第一步：确定建筑平面图在图纸上的位置，绘制出定位轴线网络图及辅助线，如图4-7所示。

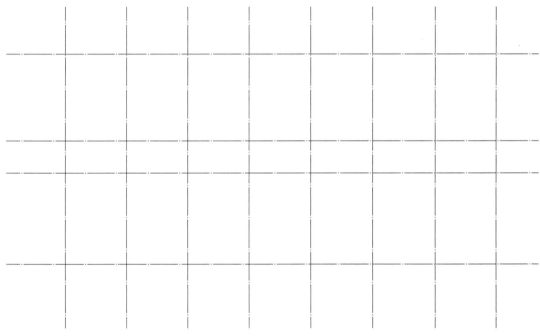

图 4-7　绘制定位轴线及辅助线

第二步：在定位轴线网格的基础上，绘制墙身轮廓线、柱等建筑构配件，如图4-8所示。

第三步：画出门窗洞口、楼梯、台阶、散水、指北针等细部构造，如图4-9所示。

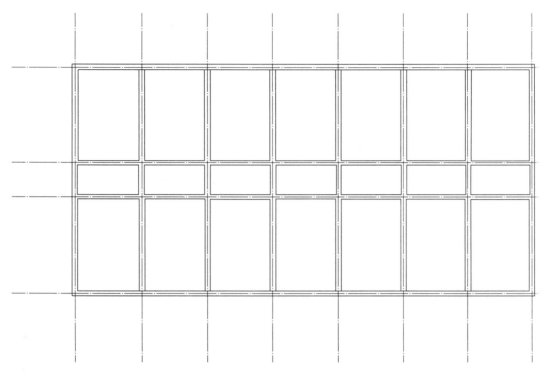

图 4-8　绘制墙体轮廓线

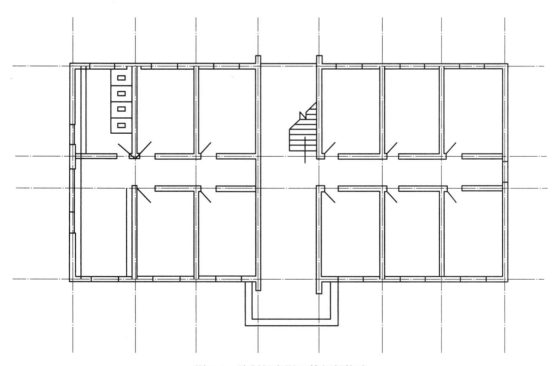

图 4-9　绘制门窗洞口等细部构造

第四步：检查无误后，按线型要求进行图线加深，并标注尺寸、文字说明、剖切符号、图名比例等，如图 4-10 所示。

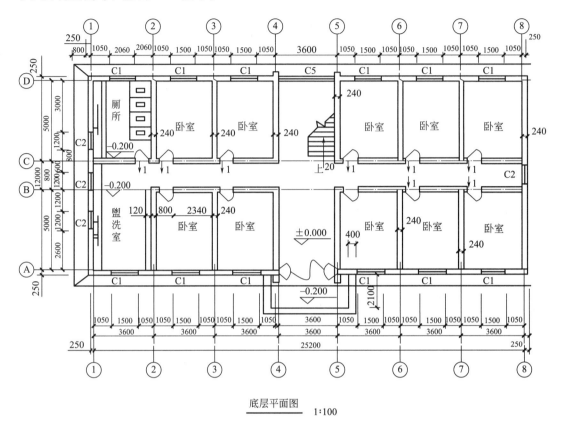

底层平面图　1:100

图 4-10　完善尺寸标注、标高、剖切符号等

【练一练】按照建筑平面图的绘图步骤和规定画法，依据给定的建筑施工平面图，熟悉图纸中各部分的尺寸和相互位置关系，了解相关材料图例规定，抄绘上述图纸。

# 4.3 识图实训：识读小型工程建筑施工图平面图

**工作页 1**

班级：_____　姓名：_____　学号：_____　成绩：_____

## 一、单项选择题

1. 主卧的开间、进深尺寸（单位 mm）说法正确的是（　　　）。

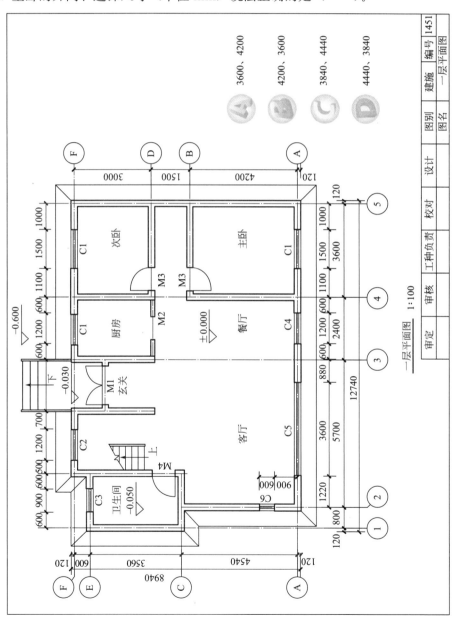

2. 图中标高符号标注规范的是（　　　）。

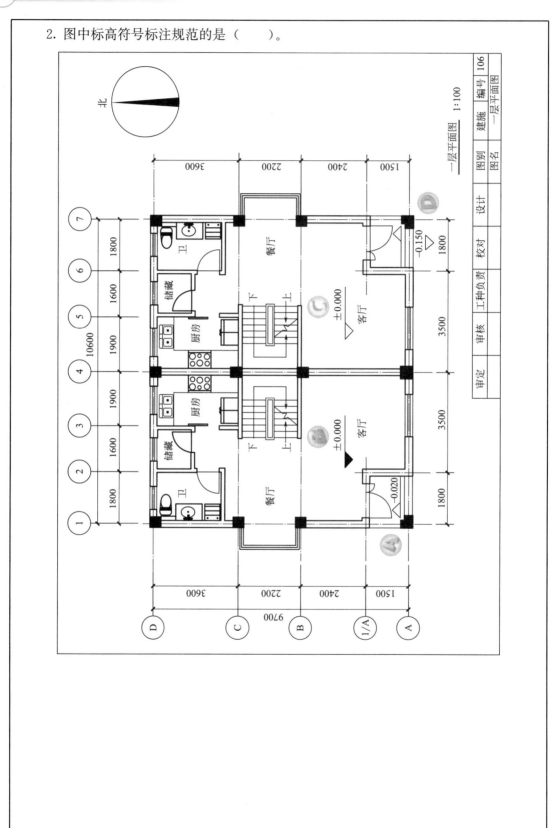

# 工作页2

班级：_____ 姓名：_____ 学号：_____ 成绩：_____

3. 该建筑物室内外高差正确的是（　　　）。

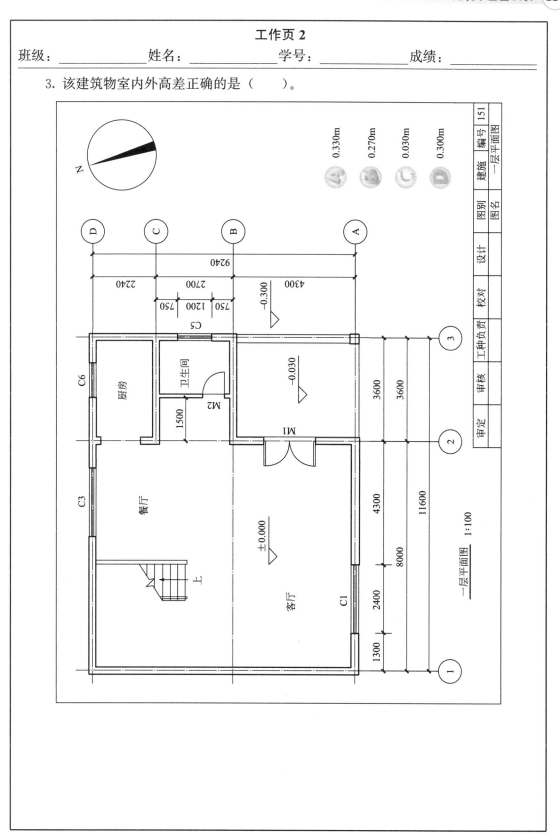

一层平面图 1:100

4. 图中定位轴线编号正确的是（    ）。

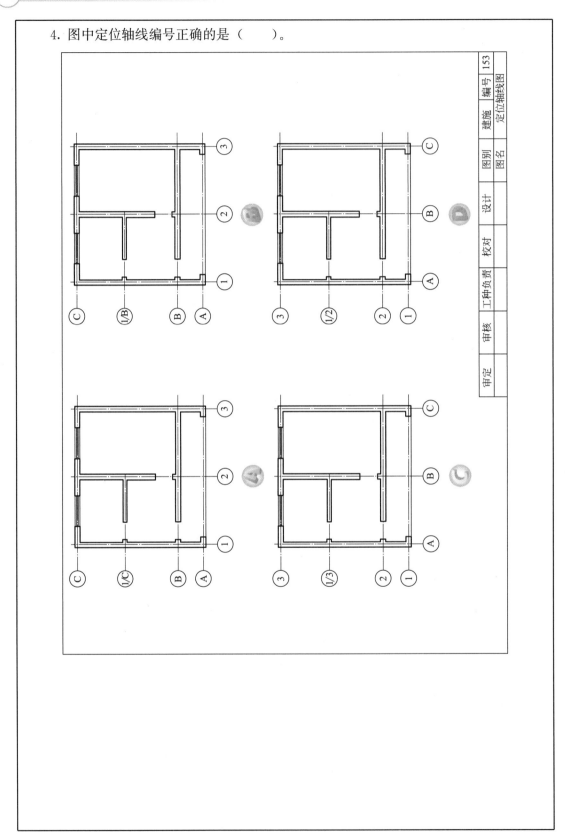

# 工作页3

班级： _____　姓名： _____　学号： _____　成绩： _____

## 二、填空题

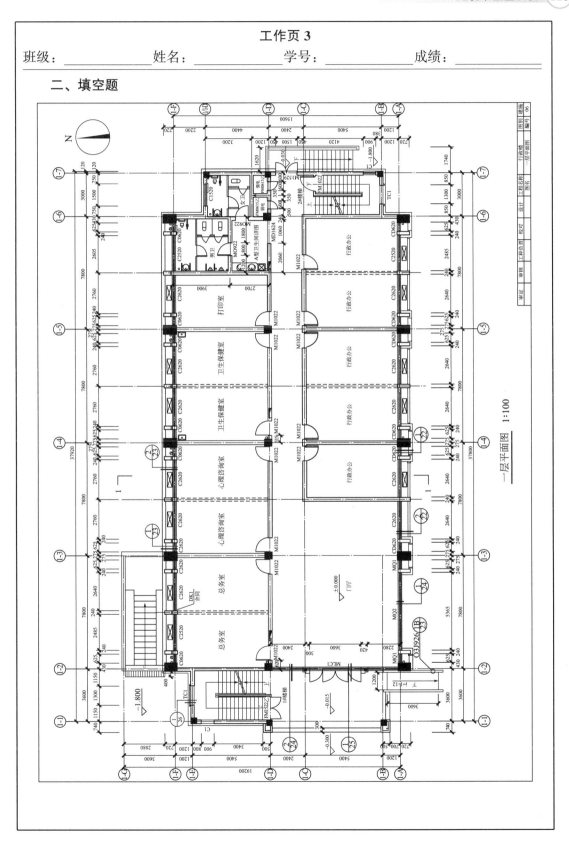

一层平面图 1:100

1. 本图的图名是_____，绘制比例为_____。

2. 一层楼层标高为_____，厨房、卫生间的标高为_____，室外地坪标高为_____。

3. 文印室的开间为_____，进深为_____。

4. 窗子的类型有_____种，其中 C2520 的长为_____；门的类型有_____种，其中 M1529 的长为_____。

5. 外墙墙厚为_____，卫生间隔墙墙厚为_____，散水宽度为_____。

6. $\frac{2}{23}$ 表示_____。

**三、绘图实操**

依据给定的建筑施工平面图，熟悉图纸中各部分的尺寸和相互位置关系，了解相关材料图例规定，抄绘上述图纸。

# 5 建筑立面图识读

现代建筑立面设计是一门融合多元美学元素的艺术,其艺术性由空间的特征表现出来。空间的魅力往往通过空间引发出其他艺术,从而产生美感。设计过程中考虑空间整体性的协调与统一,从各角度出发,感受设计的每个细节,协调好细节与局部、整体之间的关系,使整个设计达到和谐统一(图5-1)。我国传统色彩元素中,红色占有很大分量,常被冠以中国红的殊荣,从观感上说,红色有着醒目的效果;在意义上,我国古代红色是喜庆、热闹、欢愉的象征,更是一种蕴含着吉祥如意的祝福色。

图 5-1 上海中华艺术宫

立面是建筑的"皮",是建筑情感的外在表现。随着内部结构的变化,外部环境的变迁,立面将建筑的喜怒哀乐展现在观察者眼前。立面具有精神方面的元素意义,通过自己的方式表达建筑的灵魂。立面所表达的更多的是设计者或建造者的情感,或时代风格的体现。丰富多彩的立面形式传达着与众不同的情感意义。"小桥、流水、人家""二十四桥明月夜"的构图中（图5-2），无不渗透着一种人对自然的尊重，流淌着人与自然的亲近、和谐的融洽人文情愫，让人体会到一种自然的美好、大家庭的温馨。

图5-2 水乡民居

# 5.1 建筑立面图的形成与作用

在与房屋立面平行的投影面上所做的房屋正投影图，称为建筑立面图，简称立面图。如图5-3所示，是建筑工程施工图中最基本的图样之一。

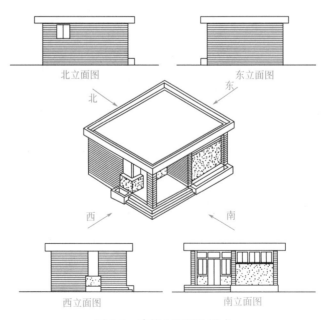

图5-3 建筑立面图的形成

在建筑施工图中，立面图的命名一般有二种方式：第一种是以建筑物墙面的特征命名，通常把建筑物主要出入口所在墙面的立面图称为正立面图，其余几个立面相应的称为背立面图、侧立面图。第二种是以建筑物的朝向来命名，如东立面图、西立面图。还可以以建筑物两端定位轴线编号命名：如①~⑦立面图，Ⓓ~Ⓐ立面图等，如图5-4所示。

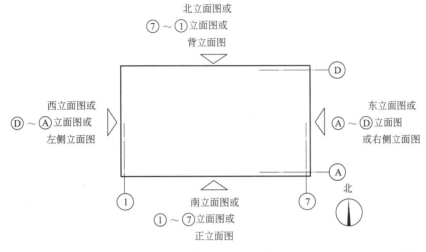

图 5-4　建筑立面图的命名

建筑立面图主要反映房屋的长度、高度、层数等外貌和外墙装修构造。它的主要作用是确定门窗、檐口、雨篷、阳台等的形状和位置及指导房屋外部装修施工和计算有关预算工程量。

# 5.2　建筑立面图的图示内容

## 一、建筑立面图的图示内容

1.画出从建筑物外可以看见的室外地坪线、房屋的勒脚、台阶、花池、门、窗、雨篷、阳台、室外楼梯、墙体外边线、檐口、屋顶、雨水管、墙面分格线及外墙装饰线脚等内容。

2.建筑物立面上的主要尺寸及标高一般包括：

（1）室外地坪的标高；

（2）台阶顶面的标高；

（3）各层门窗洞口的标高；

（4）阳台扶手、雨篷上下皮的标高；

（5）外墙面上突出的装饰物的标高；

（6）檐口部位的标高；

（7）屋顶上水箱、电梯机房、楼梯间的标高。

3. 注写建筑物两端或分段的轴线及编号。

4. 注出需详图表示的索引符号。

5. 用文字说明外墙面装修的材料及其做法。

【想一想】如图 5-5 所示，建筑立面图的图示内容包括哪些？

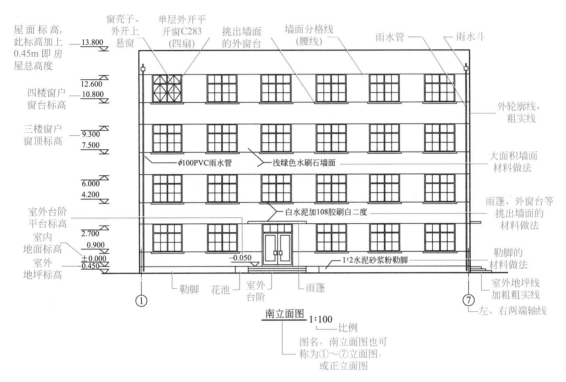

图 5-5　建筑立面图的图示内容

# 二、立面图的识读要点

（1）立面图中出现的图例、符号的含义。

（2）查看文字说明，了解立面装饰装修做法及其他信息。

（3）查看立面图的图名，以了解立面图的组成。

（4）查看立面图的比例。

（5）建筑立面图应对照各层平面图进行识读。理解各个立面图与各层平面图的联系。

（6）了解建筑的立面造型及其特点。

（7）通过识读各种尺寸标注，了解建筑各部位的尺寸信息。

（8）了解门窗的类型、造型及其位置。

（9）了解其他，如墙面分格线、空调板、雨水管、台阶、花池等的配置和位置情况。

5-1

建筑立面图
识读

## 三、建筑立面图的绘制方法与步骤

1. 立面图的画法与步骤和建筑平面图基本相同，同样先选定比例和图幅，经过画底图和加深两个步骤。

第一步：绘制室外地坪线、外墙轮廓线（也称天际线）、屋顶线，如图 5-6 所示。

图 5-6　绘制室外地坪线、外墙轮廓线（也称天际线）、屋顶线

第二步：绘制各种建筑构配件的可见轮廓，如门窗洞、楼梯间、墙身及其暴露在外墙外的柱子，如图 5-7 所示。

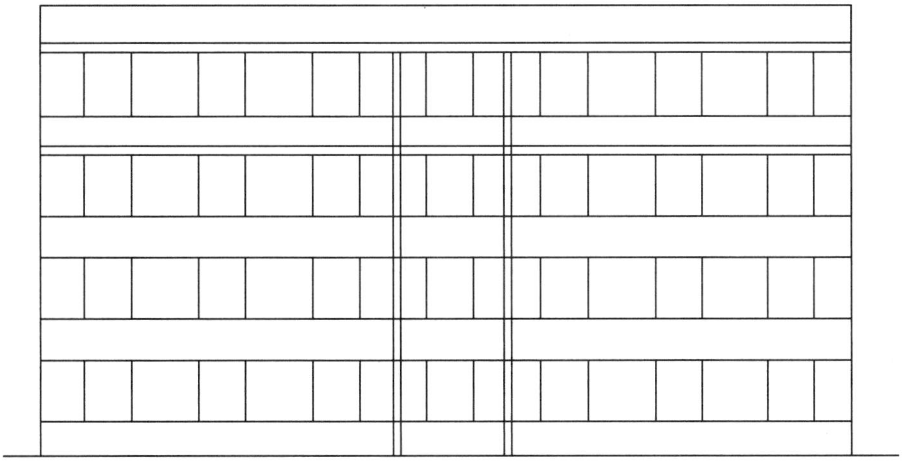

图 5-7　绘制各种建筑构配件的可见轮廓

第三步：绘制门窗、雨水管、外墙分割线等建筑物细部，如图 5-8 所示。

第四步：画尺寸界线、标高数字、索引符号和相关注释文字并标注尺寸。

第五步：检查无误后，按立面图所要求的图线加深、加粗并标注标高、首尾轴线号、墙面装修说明文字、图名和比例，如图 5-9 所示。

图 5-8  绘制门窗、雨水管、外墙分割线等建筑物细部

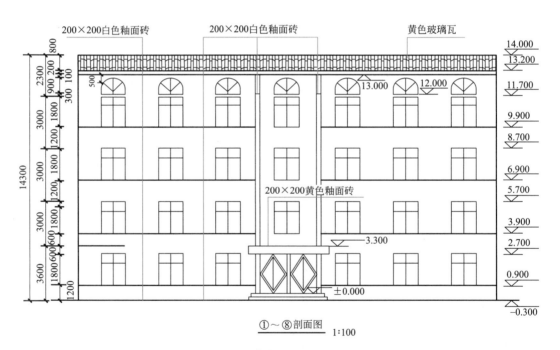

①～⑧剖面图  1:100

图 5-9  建筑立面图的绘制

2. 建筑立面图的规定画法

（1）建筑立面图的外轮廓线采用粗实线，建筑构配件的轮廓线（如门窗洞、阳台、檐口、雨篷、花池等的轮廓线）采用中实线，门窗扇、栏杆、墙面分格线、图例线、引出线等采用细实线，一般室外地坪线采用特粗实线，使立面图层次分明、重点突出、外形清晰。

（2）建筑立面图应包括投影方向可见的建筑外轮廓线和墙面线脚、构配件、墙面做法及必要的尺寸标高等。

（3）平面形状曲折的建筑物，可绘制展开立面图；圆形或多边形平面的建筑物，可分段展开绘制立面图。图名后应加注"展开"二字。

（4）较简单的对称式建筑物或对称的构配件等，在不影响构造处理和施工的情况下，立面图可绘制一半，并在对称轴线处画对称符号。

（5）在建筑立面图上，相同的门窗、阳台、外梢装修、构造做法等可在局部重点表示，绘出其完整图形，其余部分只画轮廓线。

（6）在建筑物立面图上，外墙表面分格线应表示清楚。应用文字说明各部位所用面材及颜色。

（7）有定位轴线的建筑物，宜根据两端定位轴线号编注立面图名称；无定位轴线的建筑物，可按平面图各面的朝向确定名称。

【练一练】正确识读并绘制建筑立面图。

1. 识读建筑立面图，如图 5-10 所示：

（1）建筑外轮廓线采用粗实线绘制，室外地坪线采用加粗粗实线绘制，其余采用细实线绘制。

（2）图名为南立面图，也可称为①～⑨轴立面图，比例为 1∶100。

（3）该建筑地面以上为三层，室外地坪标高为 −0.450m，首层室内地面标高为 ±0.000m，建筑总高度为 9.85m；一层、二层、三层窗户底标高分别为 0.900m、3.900m、6.900m，窗户顶标高分别为 2.400m、5.400m、8.400m；首层勒脚底标高为 −0.450m，顶标高为 0.900m，勒脚高度为 1.35m。

（4）该建筑大面积墙面做法为白色防水涂料，勒脚、雨篷及外窗台等挑出墙面做法为赭石色水刷石。

（5）首层台阶为 3 阶，总高度为 0.45m，每阶高度为 0.15m；首层雨篷底标高为 2.540m，厚度 250mm。

2. 按照建筑立面图的绘图步骤和规定画法，依据给定的建筑立面图，熟悉图纸中各部分的尺寸和相互位置关系，抄绘上述图纸。

5-2

建筑立面图绘制

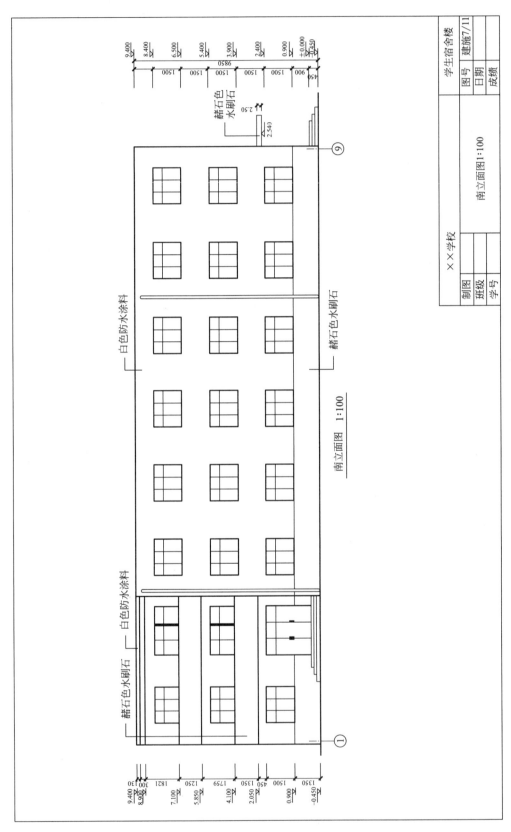

图 5-10　建筑立面图图例

# 5.3　识图实训：识读小型工程建筑施工图立面图

**工作页1**

班级：_____　姓名：_____　学号：_____　成绩：_____

## 一、单项选择题

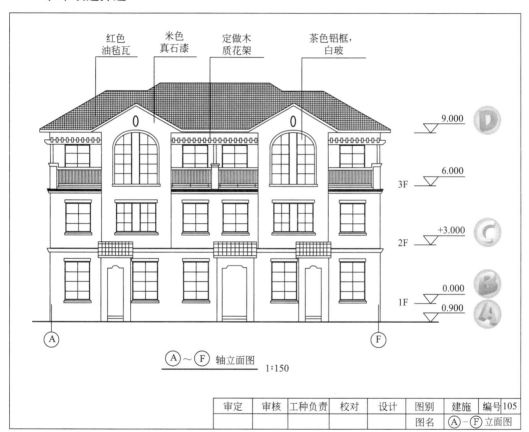

红色油毡瓦　米色真石漆　定做木质花架　茶色铝框，白玻

9.000 D

6.000 3F

+3.000 2F C

0.000 1F
-0.900

B A

Ⓐ～Ⓕ 轴立面图　1∶150

| 审定 | 审核 | 工种负责 | 校对 | 设计 | 图别 | 建施 | 编号105 |
|---|---|---|---|---|---|---|---|
| | | | | | 图名 | Ⓐ–Ⓕ 立面图 | |

1. 上图为某建筑物立面图，图中标高标注正确的是（　　）。

A. A　　　　B. B　　　　C. C　　　　D. D

2. 该建筑屋面的做法为（　　）。

A. 定做木质花架　　B. 米色真石漆　　C. 红色油毡瓦　　D. 茶色铝框

3. 该图的比例为（　　）。

A. 1∶50　　　B. 1∶100　　　C. 1∶150　　　D. 1∶200

4. 该建筑为（　　）层

A. 2　　　　B. 3　　　　C. 4　　　　D. 5

5. 该建筑外墙面的颜色为（　　）。

A. 红色　　　B. 米色　　　C. 白色　　　D. 蓝色

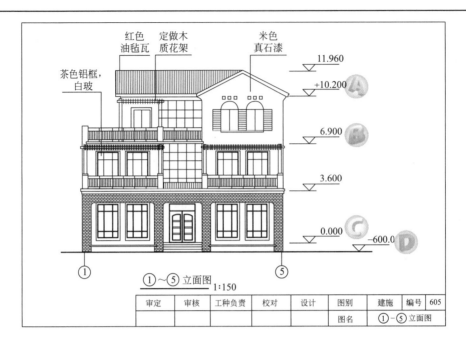

6. 上图为某建筑物立面图，图中标高标注正确的是（      ）。

A. A          B. B          C. C          D. D

7. 该建筑屋面的标高为（      ）。

A. 10.200m      B. 11.960m      C. 10.200mm      D. 11.960mm

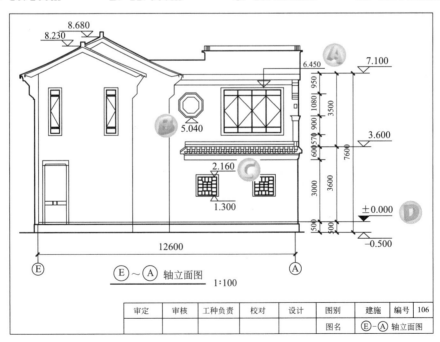

8. 上图中，标高符号正确的是（      ）。

A. A          B. B          C. C          D. D

**工作页 2**

班级：_____ 姓名：_____ 学号：_____ 成绩：_____

## 二、填空题

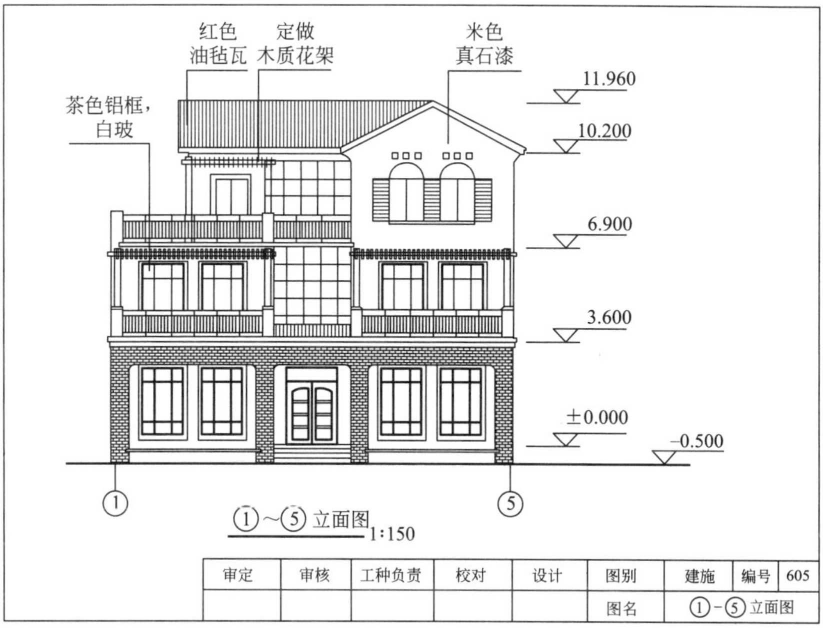

①~⑤立面图 1:150

| 审定 | 审核 | 工种负责 | 校对 | 设计 | 图别 | 建施 | 编号 | 605 |
|------|------|----------|------|------|------|------|------|-----|
|      |      |          |      |      | 图名 | ①-⑤立面图 |  |  |

1. 本图的图名是_____，绘制比例为_____ 。

2. 本例中，室外标高为_____，室内外地坪高差为_____。各楼层的标高分别为：_____、_____、_____。

3. 该小型建筑的屋面檐口高度为_____，屋顶结构标高为_____，共有____ 层。

4. 本例中，楼梯间休息平台标高有_____。

5. 本例中，图例▨▨▨ 表示_____，图例 ⊣⊢⊣⊢⊣⊢⊣ 表示_____。

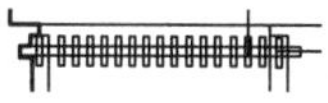

## 三、抄绘小型建筑立面图

按照建筑立面图的绘图步骤和规定画法，依据给定的建筑立面图，熟悉图纸中各部分的尺寸和相互位置关系，抄绘上述图纸。

# 6　建筑剖面图识读

**学习重点**

1. 了解建筑剖面图的形成及其作用；
2. 掌握建筑剖面图图示内容；
3. 会识读建筑剖面图。

**技能要求**

1. 能识读建筑各部分的高度、层数、建筑空间的组合利用情况；
2. 能结合相关图例及符号理解建筑剖面中的结构关系、层次、做法等；
3. 能依据制图标准，根据任务要求，绘制小型工程建筑剖面图。

**拓展阅读**

　　建筑剖面图作为建筑设计中最重要的表达方式之一，在传递设计概念中发挥着举足轻重的作用。要了解建筑，就必须深入它的内在，剖面图能很好地表达出空间内竖向高度的变化以及各层级之间的关系，让设计变得一目了然。而精心的设计也会让剖面图本身的价值超越仅仅是作为"工具图"的存在，而有可能成为一件艺术品。

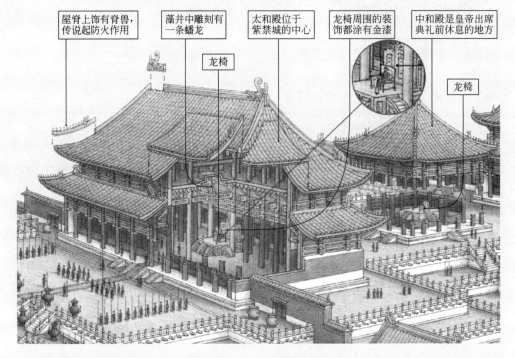

屋脊上饰有脊兽，传说起防火作用

藻井中雕刻有一条蟠龙

太和殿位于紫禁城的中心

龙椅

龙椅周围的装饰都涂有金漆

中和殿是皇帝出席典礼前休息的地方

龙椅

图 6-1　紫禁城建筑剖面图

斯蒂芬·比斯蒂为《建筑的故事》所画的紫禁城剖面图，精确到了台阶的数量，甚至还加入了铜鼎，并告诉人们铜鼎的作用——"铜鼎中备有灭火的水"。

图纸采用彩色铅笔绘制，并在图中画了一些人物，为读者提供了良好的比例感，让读者能够感受人与建筑的关系。

通过紫禁城的剖面图（图 6-1），我们可以从整体上看到建筑内部的构造和设计理念。书中也袒露出它所背负的期待与理想："对中国人来说，紫禁城就是天下的中心。当人们长途跋涉，风尘仆仆地赶来时，朱棣希望给他们看到一个完美的世界，一个微型的中国，一个秩序井然，和谐美好的地方。"

## 6.1  建筑剖面图的形成与作用

假想用一个或一个以上的垂直于外墙轴线的铅垂剖切平面将房屋剖开，移去靠近观察者的部分，对剩余部分所做的正投影图，称为建筑剖面图，简称剖面图。

建筑剖面图（图 6-2）用以表示建筑内部建筑空间的组合利用、结构构造、垂直方向的分层情况、各层楼地面、屋顶的构造及相关尺寸、标高等。剖面图的剖视位置应选在层高不同、层数不同、内外部空间比较复杂、结构较为典型等最有代表性的部位，如楼梯间等，并应尽量使剖切平面通过门窗洞口。剖面图的图名应与建筑底层平面图的剖切符号一致，可以用拉丁字母、阿拉伯数字、罗马数字编号。它与平面图、立面图相配合，是建筑施工图的重要图样。

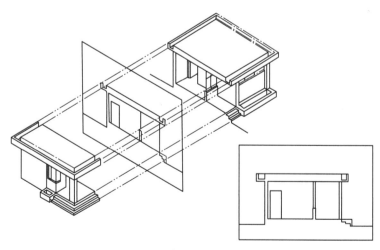

图 6-2  建筑剖面图的形成

## 6.2  建筑剖面图的图示内容

【想一想】建筑剖面图剖切位置应该选择建筑物何处？为什么？

## 一、建筑剖面图的图示内容（图6-3）

1. 表示被剖切到的墙、梁轮廓及其定位轴线。

2. 表示室内底层地面、地坑、地沟、各层楼面、顶棚、屋顶（包括檐口、女儿墙、隔热层或保温层、天窗、烟囱、水池等）、门、窗、楼梯、阳台、雨篷、留洞、墙裙、踢脚板、防潮层、室外地面、散水、排水沟及其他装修等剖切到或能见到的内容，如室内的装饰、窗、踢脚和勒脚、楼梯段、栏杆扶手、水斗和排水管。

3. 表示各部位完成面的标高和高度方向尺寸。

（1）标高内容。室内外地面、各层楼面与楼梯平台、檐口或女儿墙顶面、高出屋面的水池顶面、烟囱顶面、楼梯间顶面、电梯间顶面等处的标高。

（2）高度尺寸内容。

外部尺寸：门、窗洞口（包括洞口上部和窗台）高度，层间高度及总高度（室外地面至檐口或女儿墙顶）。有时，后两部分尺寸可不标注。

内部尺寸：地坑深度和隔断、搁板、平台、墙裙及室内门、窗等的高度。注写标高及尺寸时，注意与立面图和平面图相一致。

4. 表示楼、地面、屋顶各层构造。一般可用引出线说明。引出线指向所说明的部位，并按其构造的层次顺序，逐层加以文字说明。若另画有详图或已有"构造说明一览表"时，在剖面图中可用索引符号引出说明（如果是后者，习惯上可不作任何标注）。

5. 表示需画详图之处的索引符号。

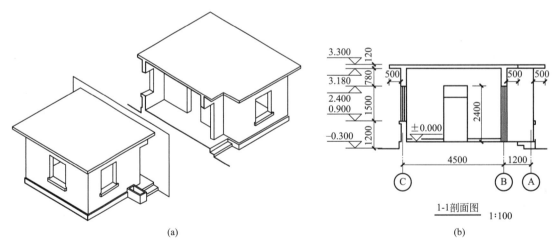

(a)             (b)

图6-3　建筑剖面图的图示

（a）建筑剖切示意图；（b）1-1剖面图

## 二、建筑剖面图的识读要点

下面以图6-4某商住楼1-1剖面图为例说明建筑剖面图的识读方法。

1. 阅读图名、比例、轴线符号，并与建筑平面图的剖切标注相互对照，明确剖视图的剖切位置和投射方向。

2. 建筑物的分层情况和内部空间组合、结构构造形式、墙、柱、梁板之间的相互关系和建筑材料。

3. 建筑物投影方向上可见的构造。

4. 建筑物标高、构配件尺寸、建筑剖面图文字说明、详图索引符号。

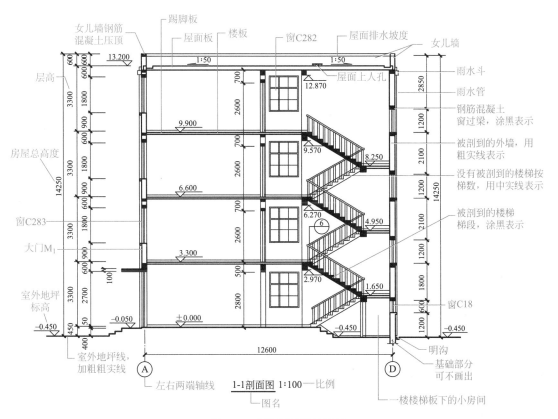

图 6-4　建筑剖面图的识读

## 三、建筑剖面图的绘制方法与步骤

6-1

建筑剖面图识读

### 1. 建筑剖面图的规定画法

同建筑立面图的绘制要点相似，建筑剖面图在进行绘制时，同样需要注意如下几个要点：

（1）图幅：根据要求选择建筑图纸大小。

（2）比例：用户可以根据建筑物大小，采用不同的比例。国家标准《建筑制图标准》GB/T 50104—2010 规定，剖面图中宜采用 1∶50、1∶100、1∶150、1∶200 和 1∶300 等的比例绘制。在绘制建筑物剖面图时，应根据建筑物的大小采用不同的比例，一般采用 1∶100 的比例，这样绘制起来比较方便。当建筑过小或过大时，可以选择 1∶50 或 1∶200 的比例。

（3）定位轴线：在建筑剖面图中，除了需要绘制两端轴线及其编号外，还要与平面图的轴线对照在被剖切到的墙体处绘制轴线及其编号，与建筑平面图相对照，方便阅读。图线：在建筑剖面图中，凡是被剖切到的建筑构件的轮廓线一般采用粗实线（$b$）或中实线（$0.5b$）来绘制；没有被剖切到的可见构配件采用细实线（$0.25b$）来绘制。绘制较简单的图样时，可采用两种线宽的线宽组，其线宽比宜为 $b:0.25b$。被剖切到的构件一般应表示出该构件的材质。

（4）图例：剖面图一般也要采用图例来绘制图形。一般情况下，剖面图上的构件，如门窗等，都应该采用国家有关标准规定的图例来绘制，而相应的具体构造会在建筑详图中采用较大的比例来绘制。常用构造以及配件的图例可以查看有关建筑规范。

（5）尺寸标注：建筑剖面图应标注建筑物外部、内部的尺寸和标高。外部尺寸一般应标注出室外地坪、窗台等处的标高和尺寸，应与立面图一致；若建筑物两侧对称时，可只在一边标注。内部尺寸应标注出底层地面、各层楼面与楼梯平台面的标高，室内其余部分如门窗和设备等标注出其位置和大小的尺寸，楼梯一般另有详图。

（6）详图索引符号：一般建筑剖面图的细部做法。如屋顶檐口、女儿墙、雨水口等构造均需要绘制详图，凡是需要绘制详图的地方都要标注详图符号。

（7）材料说明：建筑物的楼地面、屋面等用多层材料构成，一般应在剖面图中加以说明。

**2. 剖面图的剖切位置**

一般是选取在内部结构和构造比较复杂或有变化、有代表性的部位。剖面图的数量根据建筑物的复杂程度和实际情况而定。剖面图的画法与步骤与建筑平面图、立面图基本相同，同样先选定比例和图幅，设置绘图环境，确定剖切位置和投射方向，经过画底图和加深两个步骤。

第一步：绘制定位辅助线，包括墙体、柱子定位轴线，楼层水平定位辅助线以及其他剖面图样的辅助线，如图 6-5 所示。

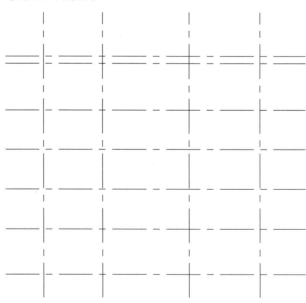

图 6-5　绘制定位轴线及辅助线

第二步：画地坪线、定位轴线、底层地面线、各层的楼面线、楼面。

第三步：画剖面图门窗洞口位置、楼梯平台、女儿墙、梁的轮廓线以及断面、檐口及其他剖切到的轮廓线，如图 6-6 所示。

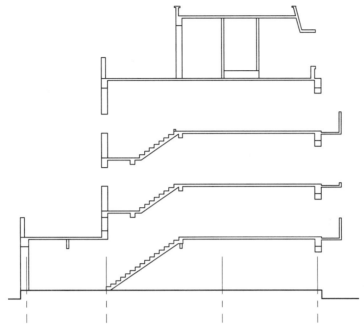

图 6-6　绘出被剖切的墙体、梁、板、柱等构件轮廓线

第四步：画出没有被剖切到的但在剖切面中可以看到的建筑物构件，如室内的门窗，如图 6-7 所示。

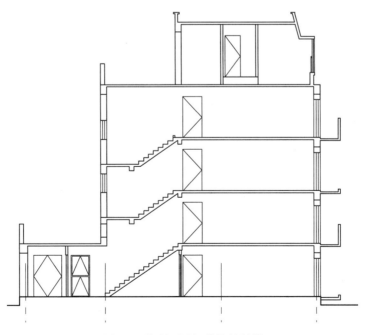

图 6-7　绘制可见部分构件投影

第五步：画楼梯、栏杆及扶手、阳台、台阶及其他可见的细节构件，并且绘出楼梯的材质，如图 6-8 所示。

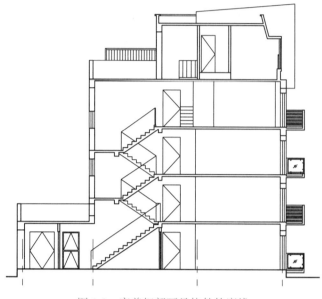

图 6-8 完善细部可见构件轮廓线

第六步：尺寸标注、标高数字、画索引符号和相关注释文字。

第七步：检查无误后，按剖面图的线型要求进行图线加深，按图例要求填充，标注标高与尺寸，最后画定位轴线，书写图名和比例，如图 6-9 所示。

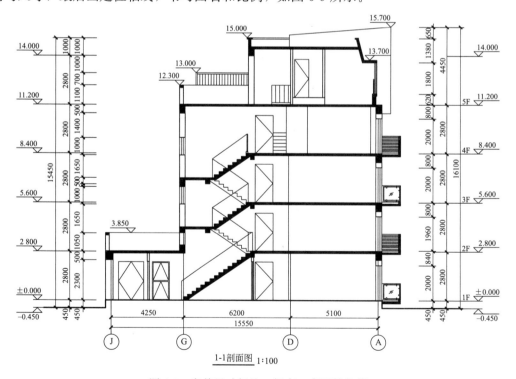

图 6-9 完善尺寸标注、标高、索引符号等

【小提示】建筑剖面图的绘制复杂，需结合建筑平面图、立面图，详图等，深度分析建筑内部结构、空间位置关系，需要仔细、认真、准确理解图样和标注表达的含义和要求。沿剖切线找准被剖切到的构件轮廓线，分析可见部位轮廓线，补全细部构件轮廓线，完善尺寸标注、标高、索引符号及图例文字说明等。绘制图样时，还需严格执行制图标准、正投影的基本规律，以严谨的态度对待每一根图线、每一个标注。

6-2

建筑剖面图
绘制

【练一练】按照建筑剖面图的绘图步骤和规定画法，依据给定的建筑施工剖面图，熟悉图纸中各部分的尺寸和相互位置关系，了解相关材料图例规定，抄绘以下图纸（图 6-10）。

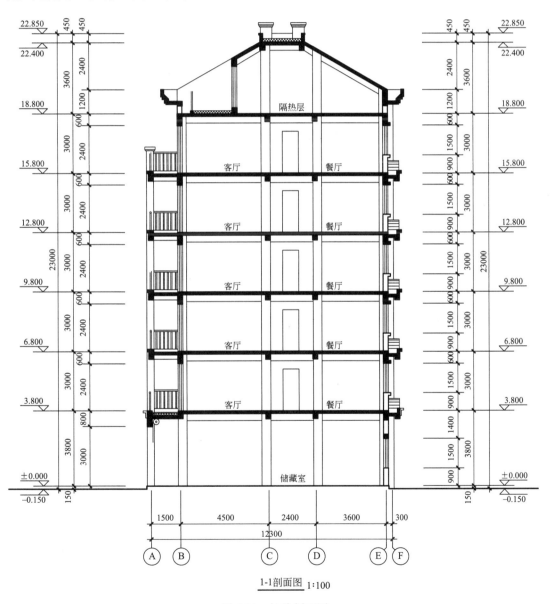

图 6-10 抄绘剖面图

# 6.3　识图实训：识读小型工程建筑施工图剖面图

**工作页 1**

班级：_____　姓名：_____　学号：_____　成绩：_____

## 一、单项选择题

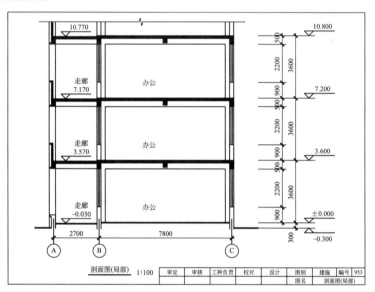

剖面图(局部)　1:100

| | 审定 | 审核 | 工种负责 | 校对 | 设计 | 图别 | 建施 | 编号 | 953 |
|---|---|---|---|---|---|---|---|---|---|
| | | | | | | 图名 | | 剖面图(局部) | |

1. 上图为某建筑物局部剖面图，该建筑物一至三层的层高为（　　）m。

A 10.8　　　　　　B 11.1　　　　　　C 3.6　　　　　　D 3.9

2. 二楼走廊处楼面完成面标高为（　　）。

A 7.200　　　　　B 3.600　　　　　C 3.570　　　　　D 7.170

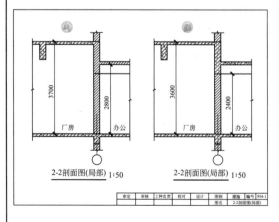

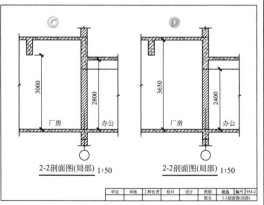

3. 上图为某厂房局部剖面图，厂房室内净高为（　　）。

A 3600　　　　　　B 3700　　　　　　C 3000　　　　　　D 3650

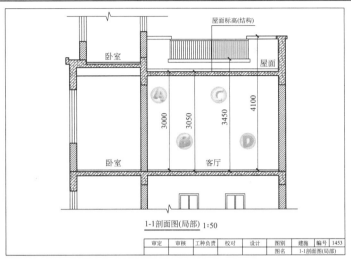

4. 上图为某建筑物局部剖面图，尺寸标注为屋顶层层高的一项是（ ）。

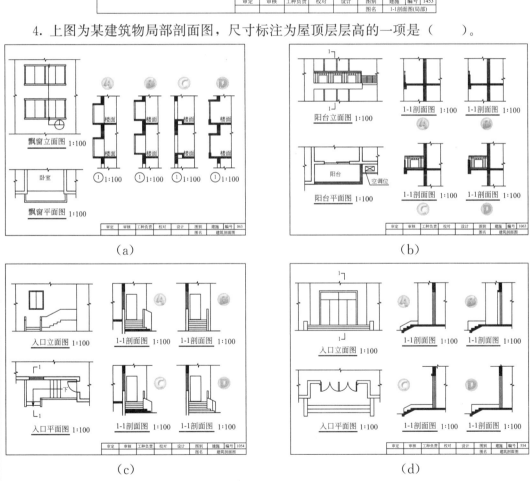

5. 图（a）为某飘窗平面图与立面图，与指定位置一致的一项是（ ）；图（b）为某阳台平面图与立面图，与指定位置一致的一项是（ ）。

6. 图（c）（d）是已知建筑物入口处的平面图及立面图，图（c）中 1-1 剖面图正确的是（ ），图（d）中 1-1 剖面图正确的是（ ）。

**工作页 2**

班级：_____　　姓名：_____　　学号：_____　　成绩：_____

## 二、填空题

1-1剖面图 1:100

1. 本图的图名是_____，绘制比例为：_____。

2. 本例中，室内外地坪高差为_____，室外踏步个数为_____。各楼层的层高分别为_____，第三层楼面标高为_____m，二楼露台结构面标高为_____m，图中已注明的屋脊标高为_____m。

3. 该小型建筑的屋面檐口高度为_____m，平屋顶结构标高为_____m，共有_____层。

4. 本例中，楼梯间休息平台标高有：_____。

5. 本例中，图例 ▨▨▨ 表示_____，▨ 表示_____。

6. 本例中，阳台栏杆的高度为_____，窗台高度为_____，二楼窗户高度为_____。

## 三、抄绘小型建筑剖面图

依据给定的建筑施工剖面图，熟悉图纸中各部分的尺寸和相互位置关系，了解相关材料图例规定，抄绘上述图纸。

# 7 建筑详图识读

**学习重点**

1. 理解建筑详图的图示特点和用途；
2. 理解楼梯详图的主要内容；
3. 会识读楼梯平面图和剖面详图。

**技能要求**

1. 能识读各节点构造形式及材料、规格、相互连接方法、详细尺寸、标高、施工要求和做法说明等；
2. 能识读详图符号与比例注写方式等。

**拓展阅读**

历史上为了保全珍贵的文物，故宫博物院理事会曾决议将馆藏文物南迁。可是，北京中轴线上的古建筑却无法南迁，为留存一套完整资料，营造学社决定对故宫建筑实施抢救性质的全面测绘。于是，便有了紫禁城有史以来第一次系统性的科学测绘工作。到1941年，一群不甘心的先辈，克服难以想象的困难，历时8年，完成了北京中轴线南起永定门北至钟鼓楼的主要建筑的测量与图纸绘制工作，绘稿详尽、图样精美、标识准确，将经典的建筑构造节点记载到建筑详图中，如图7-1所示。

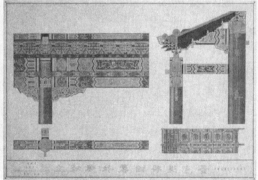

图7-1 北京城中轴线古建筑实测图集部分内容

在动荡岁月中，先辈们不仅仅是在保护中华古建筑，更是倾其所能保护着中华民族千年的文化与根基。作为新时代接班人的我们，应当秉承先辈壮志，坚守初心，砥砺前行。

# 7.1　建筑详图的作用、特点及分类

从建筑的平面图、立面图、剖面图上虽然可以看到房屋的外形、平面布置、内部构造和主要尺寸，但由于比例较小，许多细部构造无法表达清楚。为了满足施工要求，房屋的局部构造应当用较大的比例详细地画出，这些图形称为详图（或大样图）。绘制详图的比例，一般采用1:50、1:20、1:10、1:5等。详图的表示方法，应视该部位构造的复杂程度而定，有的只需用一个剖面详图即可表达清楚（如墙身节点详图），而有的则需要画若干个图才能完整的表达出该部位的构造。

建筑详图可分为构造节点详图和构配件详图两类。表达建筑物某一局部构造、尺寸和材料的详图称为构造节点详图，如檐口、窗台、勒脚、明沟、散水等；表明构配件本身构造的详图称为构件详图或配件详图，如门、窗、楼梯、卫生间等。对于构造节点详图，需要在建筑平、立、剖面图上的有关部位注写出详图索引符号，且在详图上注写出详图符号，以便查阅。对于构配件详图，可不注写索引符号，只在详图上写明该构配件的名称或型号即可。对于使用标准图的详图，只需在索引符号中注明所引用标准图集的名称、页次和编号等信息，可不必另画详图。建筑施工图中通常有墙身详图、楼梯详图、门窗详图、厨卫详图及其他构配件详图。

【小提示】详图要求构造表达清楚，尺寸标注齐全，文字说明准确，轴线、标高与相应的平、立、剖面图一致。所有的平、立、剖面图上的具体做法和尺寸均应以详图为准，所以详图是建筑施工图中不可缺少的一部分。

# 7.2　墙身详图的图示内容

墙身详图实际上就是建筑剖面图中墙体与各构配件交接处（节点）的局部放大图。它主要表达房屋墙体与屋面（檐口）、楼面、地面的连接，门窗过梁、窗台、勒脚、散水、明沟、雨篷、水平防潮层等处的构造，是建筑施工图的重要组成部分。

【想一想】墙身详图是哪种类型的建筑详图呢？

为了便于阅读墙身节点详图，从檐口到地面各节点一般应依次对齐排列。若楼层各节点相同，可只画一层节点。画墙身节点详图可从窗洞处断开，以节约图纸。必要时也可以把各节点的详图分开画在几张图中。绘制详图时的线型与剖面图相同，但由于比例较大，所有内外粉刷线均应画出（用一根细实线表示）。详图中应标注各部分的材料符号、主要部位的标高和构配件的几何尺寸。墙体应画出轴线，通用节点只画出圆圈，内部可不注轴线编号。

墙身节点详图的阅读方法如下，墙身节点详图及形成如图7-2所示。

1. 根据详图编号对照剖面图，寻找该详图的所在位置，以便建立详图的整体概念。

2. 墙体厚度是指墙的结构厚度，不包括粉刷层，如240墙，指的是砖砌体厚度。墙体被剖切处的轮廓用粗实线表示，并应画上材料符号，另外墙体还应画出轴线，同时要注意

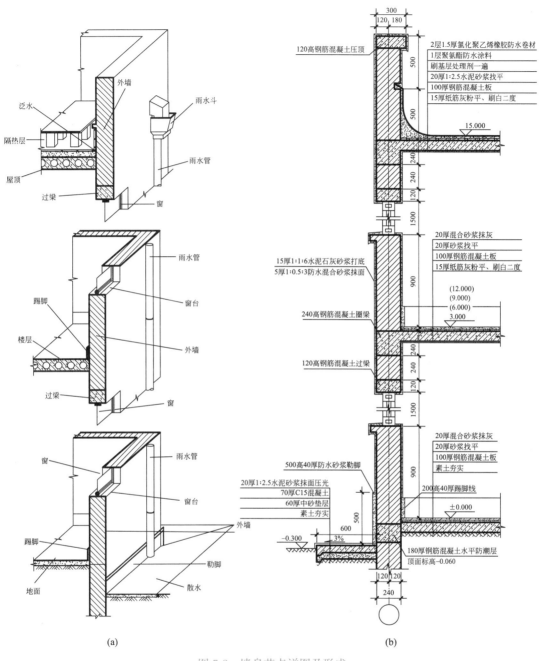

图 7-2 墙身节点详图及形成

（a）外墙的构造；（b）墙身节点详图

轴线的所在位置是居中还是偏向一方。

 3. 详图中，凡构造层次较多的地方，如屋面、楼面、地面等处，应用分层构造说明的方法表示。

 4. 檐口、过梁、楼板等钢筋混凝土结构，应画出几何形状、材料符号并注出各部位的尺寸。楼地面各构造层次只要说明厚度和画出外形即可。门窗断面因另有详图，所以在墙身节点详图中可以只画出示意图而不标注断面尺寸。

5. 散水应标注排水坡度、散水宽度、各层做法和厚度。屋面构造层次较多的地方，可只画一根粗实线表示，其他构造用屋面分层构造说明方法表示。屋面也应标出排水坡度和排水方向。

6. 墙身节点详图中，标高是施工放样的依据，必须标注清楚，其主要标高有：室外地面标高、室内地面标高、各层楼面标高、窗台标高、过梁标高、檐口标高等。

# 7.3　楼梯详图的图示内容

楼梯是楼层之间上下交通的主要设施。楼梯构造复杂，仅靠平、立、剖面图是无法表达清楚的，因此，凡有楼层的房屋，均应绘制楼梯详图。楼梯详图线型和平、剖面图相同。建施图中的楼梯详图主要表达各构件的几何尺寸和断面材料，有关结构应看相应的楼梯结构图。

## 一、楼梯详图的识读

现以某楼梯构造详图为例，分别介绍楼梯平面图、剖面图和节点详图的阅读方法。

### 1. 楼梯平面图

楼梯平面图的形成同建筑平面图一样，假设用一水平剖切平面在该层往上行的第一个楼梯段中剖切开，移去剖切平面及以上部分，将余下的部分按正投影的原理投射在水平投影面上所得到的图，称为楼梯平面图。楼梯平面图一般分层绘制，每层应画一个楼梯平面图，若中间各层相同，可用一个标准层平面图表示，所以一般多层房屋有底层、标准层、顶层三个平面图，如图 7-3～图 7-5 所示。

各层楼梯平面图应与各层平面图中楼梯一致，楼梯以外的部分可省略不画。楼梯平面图的内容应包括楼梯间四周墙体的厚度、轴线、梯段净宽度和梯段间空隙间距、踏步步数×踏步水平宽度和平台宽度等。各梯段应画箭头表示其上下行方向，箭尾处标注上、下及步数，上下行的方向应以该楼层为标准。栏杆在平面上用双细线表示。

楼梯平面图上各层楼地面和平台地面应标注标高。

### 2. 楼梯剖面图

楼梯剖面图的剖切位置一般应通过梯段和楼梯间的门窗洞，并向未被剖切的梯段方向作投影，这样得到的剖面图才能较完整地反映楼梯竖向的构造，如图 7-6 所示。

楼梯剖面图主要应反映出房屋的层数、各层平台位置、楼梯的梯段数、被剖梯段踏步级数，以及楼梯的形式和结构类型。剖面图中水平方向的尺寸，主要由梯段水平投影的尺寸、平台尺寸等组成；高度方向的尺寸主要是平台至楼层的垂直尺寸，用步数乘踏步高表示；栏杆仅表示高度尺寸。剖面图中一般应标注出室外地面、室内地面、各楼层楼面、各层平台处的标高。

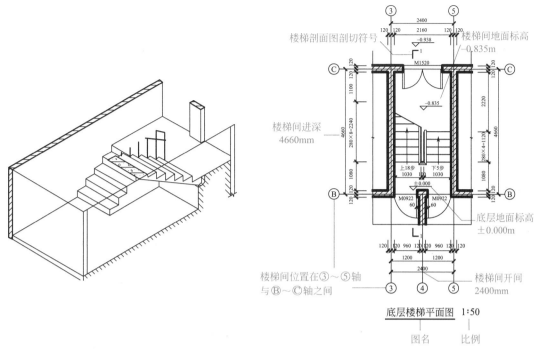

图 7-3　楼梯底层平面图及形成

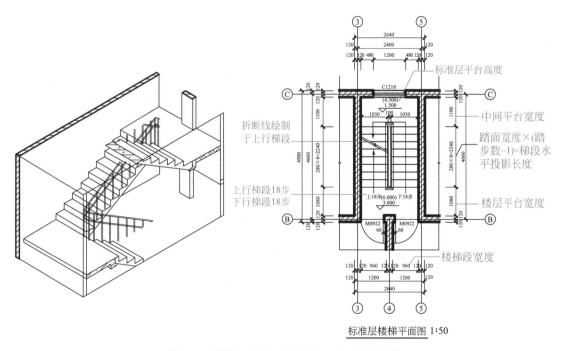

图 7-4　楼梯标准层（中间层）平面图及形成

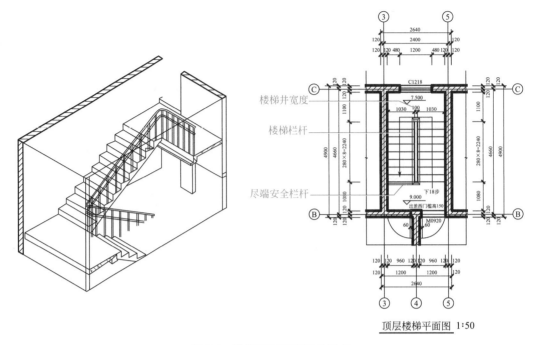

顶层楼梯平面图 1:50

图 7-5  楼梯顶层平面图及形成

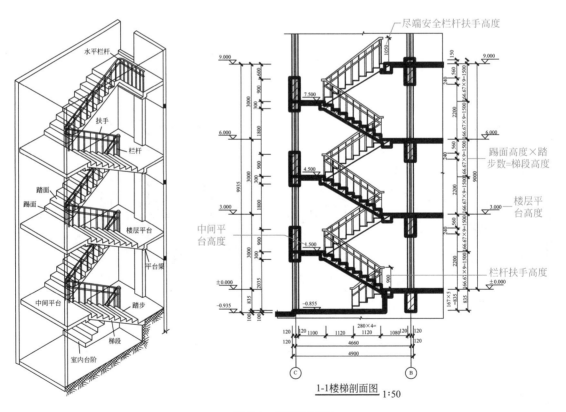

1-1楼梯剖面图 1:50

图 7-6  楼梯剖面图

**3. 楼梯节点、栏杆详图**

楼梯平、剖面图只表达了楼梯基本形状和主要尺寸，还需要用楼梯节点和栏杆详图来表达各节点的构造和各细部尺寸。

楼梯节点详图主要是楼梯起止步及各转弯处的节点构造详图。这些节点应反映出梯段与楼地面和平台处的相互关系，楼梯踏步的基本尺寸和细部尺寸，平台梁的几何尺寸，楼地面、楼梯平台等处的标高。

栏杆详图可画在楼梯节点详图内，若构造复杂，也可单独画出。栏杆详图应包括栏杆本身外形、高度尺寸和细部尺寸、栏杆材料、扶手断面形状及几何尺寸、栏杆与梯段的连接构造等。

## 二、楼梯详图的绘制

楼梯详图图线复杂，标注数量多、类型多，我们在识图与绘图中，需要仔细、认真，准确理解图样和标注表达的含义和要求。绘制图样时，严格执行制图标准，以严谨的态度对待每一根图线、每一个标注。

1. 楼梯平面图的绘制步骤如下：

（1）将楼梯各层平面图对齐，根据楼梯间开间、进深尺寸画出楼梯间墙身定位轴线，如图 7-7 所示；

（2）根据楼梯平台宽度定出平台线，绘制出梯段踏步、楼梯井、门窗等细部构造，如图 7-8 所示；

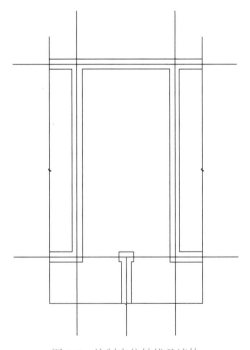

图 7-7　绘制定位轴线及墙体

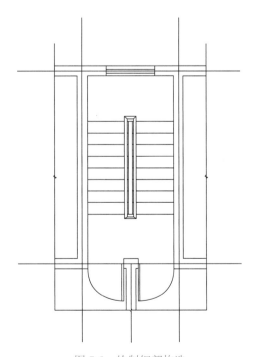

图 7-8　绘制细部构造

（3）标注尺寸，标注定位轴线编号，并检查图样，如图 7-9 所示；

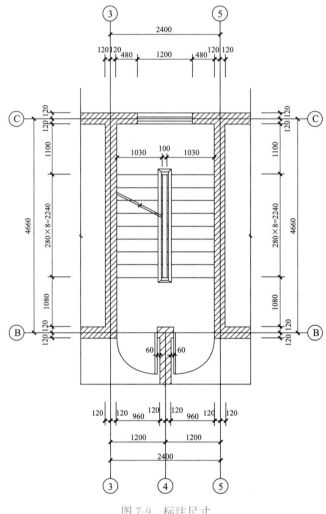

图 7-9　标注尺寸

（4）标注标高符号，注写上下行方向箭头，注写门窗编号等，加深图线，注写图名比例，如图 7-10 所示。

【练一练】按照楼梯详图的绘图步骤，练习抄绘任一楼梯平面图。

2. 楼梯剖面图的绘制步骤如下：

（1）画出楼梯间墙身定位轴线，定出楼面、中间平台与梯段的位置，根据楼梯平面尺寸绘出起步线、平台线的位置，如图 7-11 所示；

（2）画出墙身，定出踏步轮廓位置线，画出梁、板的位置，如图 7-12 所示；

（3）绘制栏杆、门窗等细部构造，标注尺寸，如图 7-13 所示；

（4）标注标高符号，绘制材料图例，加深图线，注写图名比例，如图 7-14 所示。

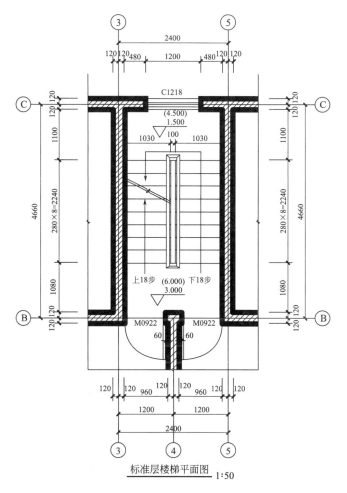

标准层楼梯平面图 1:50

图 7-10　注写符号，加深图线

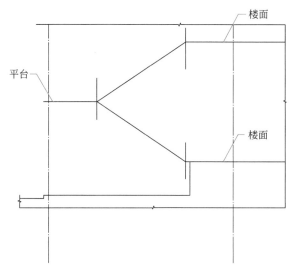

图 7-11　绘制定位轴线及楼层、平台

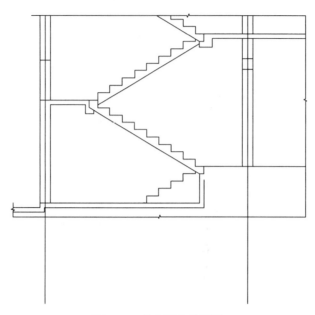

图 7-12　绘出踏步轮廓线

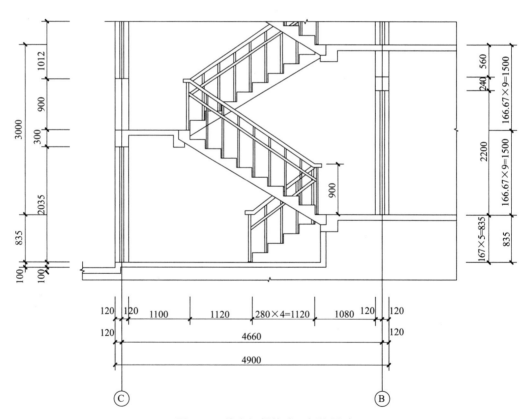

图 7-13　绘出细部构造，标注尺寸

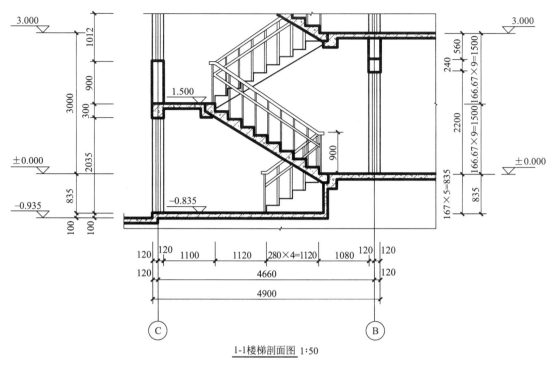

1-1楼梯剖面图 1:50

图 7-14  注写符号，加深图线

# 7.4  识图实训：识读小型工程建筑施工图建筑详图

## 工作页1

班级：＿＿＿＿＿＿  姓名：＿＿＿＿＿＿  学号：＿＿＿＿＿＿  成绩：＿＿＿＿＿＿

### 一、单项选择题

1. 图示为石材幕墙干挂龙骨的断面，石材、角钢、柱子材料图例表示均正确的一项是（　　）。

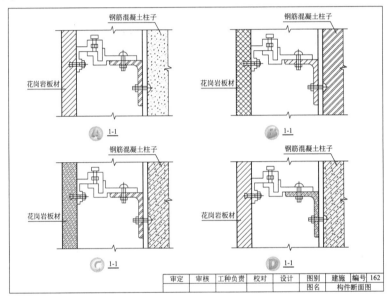

2. 已知某住宅楼梯平面，3号详图正确的一项是（　　）。

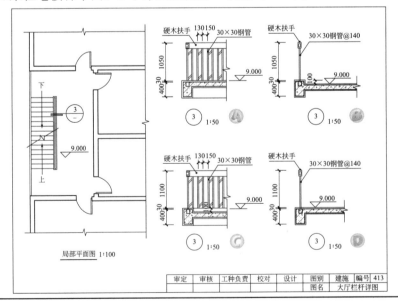

3. 根据楼梯剖面图，一层至二层楼梯踏步总数正确的一项是（　　）。

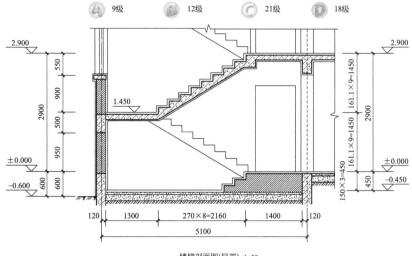

楼梯剖面图(局部) 1:50

4. 已知楼梯平面图，楼梯剖面图 A-A 正确的一项是（　　）。

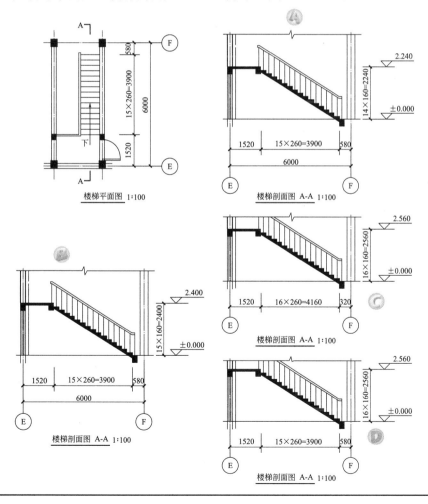

楼梯平面图 1:100

## 工作页 2

班级：＿＿＿＿＿ 姓名：＿＿＿＿＿ 学号：＿＿＿＿＿ 成绩：＿＿＿＿＿

### 二、填空题

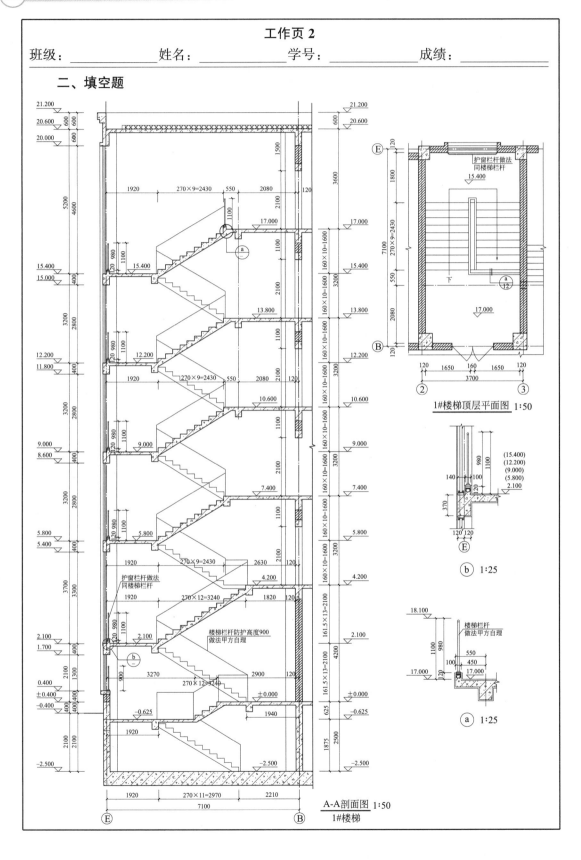

1#楼梯顶层平面图 1:50

A-A剖面图 1:50
1#楼梯

　　1. 顶层楼层平台处栏杆扶手高度是_____，楼梯梯段处栏杆扶手高度是_____，楼梯中间平台护窗栏杆扶手高度是_____。

　　2. 1♯楼梯 A-A 剖面图的剖切符号应标注在_____。

　　3. 该楼梯的踏步尺寸为_____，一层至二层的楼梯有_____个踏步。

**三、绘图实操**

　　依据给定的楼梯详图，熟悉图纸中各部分的尺寸和相互位置关系，了解相关材料图例规定，抄绘楼梯剖面图。

# 附录1　建筑工程识图技能提升训练题

## 建筑工程识图职业技能等级考试初级模拟题

**一、单选题**（每题1分，45题共45分）

1. A1 图纸幅面尺寸为（　　）。

A. 841×1189　　　B. 594×841　　　C. 420×594　　　D. 297×420

2. 多孔材料的建筑图例是（　　）。

A. 　　　B.

C. 　　　D.

3. 用剖切平面将形体剖开，除画出截断面的投影外，还应画出剖切平面后物体可见部分的投影的图形称为（　　）。

A. 剖面图　　　B. 剖切图　　　C. 断面图　　　D. 截面图

4. （　　）可用粗实线绘制。

A. 主要可见轮廓线　　　　　　　B. 可见轮廓线

C. 次要轮廓线　　　　　　　　　D. 变更云线

5. 关于比例描述不正确的一项是（　　）。

A. 比例的大小是指比值的大小

B. 建筑工程多用放大的比例

C. 1∶10 表示图纸所画物体比实体缩小 10 倍

D. 比例应用阿拉伯数字表示

6. 在建筑制图中，一般要求字体为（　　）。

A. 仿宋体　　　B. 宋体　　　C. 长仿宋体　　　D. 黑体

7. 投影面垂直线不包括（　　）。

A. 铅垂线　　　B. 正垂线　　　C. 侧垂线　　　D. 竖垂线

8. 定位轴线应用（　　）线绘制。

A. 细点画　　　B. 中点画　　　C. 中粗点画　　　D. 粗点画

9. 一般位置平面是对三个投影面都（　　）的平面。

A. 平行　　　B. 垂直　　　C. 倾斜　　　D. 相交

10. 已知构件的正立面图与平面图，则左侧立面图正确的一项是（　　）。

---

注：本套模拟题配图为附录图纸。

试题中未注明单位的尺寸均以 mm 为单位，标高均以 m 为单位。

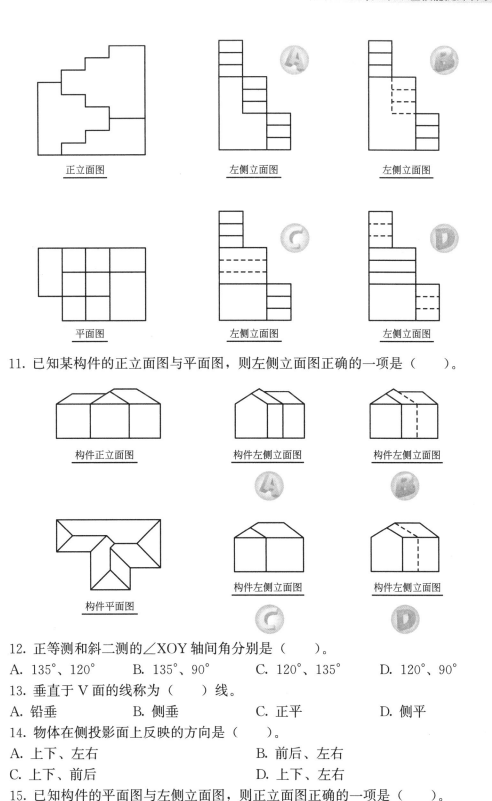

正立面图

左侧立面图 Ⓐ

左侧立面图 Ⓑ

平面图

左侧立面图 Ⓒ

左侧立面图 Ⓓ

11. 已知某构件的正立面图与平面图，则左侧立面图正确的一项是（　　　）。

构件正立面图

构件左侧立面图 Ⓐ

构件左侧立面图 Ⓑ

构件平面图

构件左侧立面图 Ⓒ

构件左侧立面图 Ⓓ

12. 正等测和斜二测的∠XOY轴间角分别是（　　　）。

A. 135°、120°　　　B. 135°、90°　　　C. 120°、135°　　　D. 120°、90°

13. 垂直于 V 面的线称为（　　　）线。

A. 铅垂　　　　　　B. 侧垂　　　　　　C. 正平　　　　　　D. 侧平

14. 物体在侧投影面上反映的方向是（　　　）。

A. 上下、左右　　　　　　　　　　　　B. 前后、左右

C. 上下、前后　　　　　　　　　　　　D. 上下、左右

15. 已知构件的平面图与左侧立面图，则正立面图正确的一项是（　　　）。

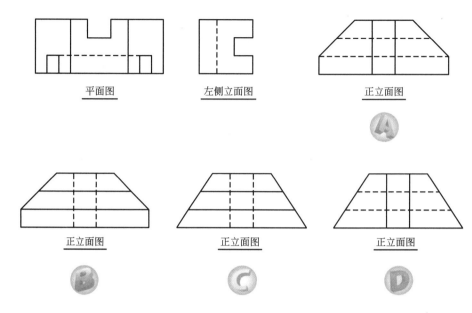

平面图　　　　　左侧立面图　　　　　正立面图

正立面图　　　　　正立面图　　　　　正立面图

16. 已知构件的正立面图与左侧立面图，则平面图正确的一项是（　　　）。

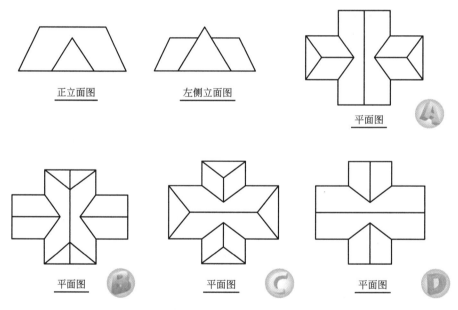

正立面图　　　　　左侧立面图

平面图

平面图　　　　　平面图　　　　　平面图

17. 空间中有一点 B 在 V 面的投影可表示为（　　　）。

A. B　　　　　　　B. b　　　　　　　C. b′　　　　　　　D. b″

18. 若点 A 与点 B 是重影点，点 A 在点 B 正右方，则侧投影图可表示为（　　　）。

A. b″（a″）　　　　B. （a″）b″　　　　C. a″（b″）　　　　D. （b″）a″

19. 当一条直线平行于投影面时，在该投影面上反映（　　　）。

A. 并列性　　　　　B. 类似性　　　　　C. 积聚性　　　　　D. 实形性

20. 三棱柱的水平投影是（　　　）。

A. 正方形　　　　　B. 长方形　　　　　C. 三角形　　　　　D. 圆形

21. 定形尺寸应尽量标注在（　　）。

A. 形体的顶部　　　　　　　　　　　B. 形体特征明显处

C. 形体的底部　　　　　　　　　　　D. 形体的右侧

22. 水平投影面的表示符号是（　　）。

A. W　　　　　　　B. H　　　　　　　C. V　　　　　　　D. Z

23. 本工程耐火等级为（　　）。

A. 一级　　　　　B. 二级　　　　　C. 三级　　　　　D. 一级、二级均有

24. 本工程主入口室外台阶的步数和踏步踢面高度分别是（　　）。

A. 2 步，每步 140mm　　　　　　　B. 3 步，每步 140mm

C. 3 步，每步 150mm　　　　　　　D. 2 步，每步 150mm

25. 本工程屋面防水等级为（　　）。

A. 1 级　　　　　B. 2 级　　　　　C. 3 级　　　　　D. 未说明

26. 本工程二层的层高为（　　）。

A. 3300mm　　　B. 3800mm　　　C. 4400mm　　　D. 3000mm

27. 本工程有保温屋面的保温材料为（　　）。

A. 弹性改性沥青　　　　　　　　　　B. 岩棉板

C. 挤塑聚苯板　　　　　　　　　　　D. 陶粒混凝土

28. LM1526a 的洞口尺寸是（　　）。

A. 高 1500 宽 2500　　　　　　　　B. 高 2500 宽 1500

C. 高 1500 宽 2600　　　　　　　　D. 高 2600 宽 1500

29. 一层平面图共（　　）个出入口。

A. 2　　　　　　　B. 3　　　　　　　C. 4　　　　　　　D. 1

30. 本工程二层共有（　　）间卧室。

A. 8　　　　　　　B. 6　　　　　　　C. 5　　　　　　　D. 4

31. 本工程 A～E 立面图也可以称为（　　）立面图。

A. 东　　　　　　B. 西　　　　　　C. 南　　　　　　D. 北

32. 本工程屋顶露台的排水坡度为（　　）。

A. 1‰　　　　　　B. 2‰　　　　　　C. 3‰　　　　　　D. 未标注

33. 本工程屋顶挑檐宽度为（　　）。

A. 1000mm　　　B. 800mm　　　　C. 600mm　　　　D. 不能确定

34. 本工程卫生间四周墙体素混凝土翻边高度为（　　）。

A. 250mm　　　　B. 150mm　　　　C. 100mm　　　　D. 80mm

35. 本工程三层露台栏板扶手高度为（　　）。

A. 1200mm　　　B. 1100mm　　　C. 1000mm　　　D. 900mm

36. 以下各项中，不属于立面图中内容的是（　　）。

A. 标高　　　　　　　　　　　　　　B. 重要的竖向尺寸

C. 墙面装饰　　　　　　　　　　　　D. 指北针

37. 本工程中式厨房排气道的尺寸是（　　）。

A. 370×300　　　B. 320×250　　　C. 300×400　　　D. 175×175

38. 本工程楼梯的平面形式为（　　　）。

A. 直跑式　　　　　B. 平行双跑式　　　C. 三跑式　　　　D. 折角式

39. 本工程 LM1125 的开启方式为（　　　）。

A. 平开　　　　　　B. 折叠　　　　　　C. 推拉　　　　　D. 立转

40. 本工程厨房地面面层材料为（　　　）。

A. 抛光砖　　　　　B. 水泥砂浆　　　　C. 防滑地砖　　　D. 复合木地板

41. 本工程三楼衣帽间的开间为（　　　）。

A. 3700mm　　　　B. 2500mm　　　　C. 2400mm　　　D. 未说明

42. 本工程主要屋顶形式为（　　　）。

A. 平屋顶　　　　　B. 坡屋顶　　　　　C. 曲面屋顶　　　D. 未说明

43. 本工程 1-1 剖面图的剖视方向为（　　　）。

A. 向西　　　　　　B. 向南　　　　　　C. 向东　　　　　D. 向北

44. 本工程二层中有（　　　）个 LC0715。

A. 1　　　　　　　　B. 2　　　　　　　　C. 4　　　　　　　D. 8

45. 本工程室内外高差是（　　　）。

A. 0.550mm　　　　B. 0.450mm　　　　C. 0.300mm　　　D. 0.030mm

## 二、多选题（每题 3 分，5 题共 15 分，多选、选错不给分，漏选得 1 分）

46. 以下关于剖面图与断面图区别的描述中，错误的有（　　　）。

A. 剖面图与断面图所表示的信息是相同的

B. 剖面图与断面图所表示的信息是不同的

C. 断面图与剖面图的编号方式相同

D. 断面图与剖面图的编号方式不同

E. 剖面图与断面图都是用假想剖切面剖切以后形成的

47. 以下关于图面比例的说法中，正确的有（　　　）。

A. 建筑平、立、剖面图和详图的比例均有固定的要求

B. 比例是图形与实物线型尺寸之比

C. 比例的符号为"1：100"，1：100 表示的是图形比实物缩小 100 倍

D. 比例应注写在图名的右侧

E. 建筑工程图采用放大比例

48. 下列说法不正确的是（　　　）。

A. 每层平面图中应标明标高　　　　　　B. 剖切符号应绘制在每层平面图上

C. 构造详图比例一般为 1：100　　　　　D. 首层平面图应绘制指北针

E. 总平面图的比例一般为 1：500

49. 关于 ②/B 描述正确的是（　　　）。

A. B 号轴线之前附加的第二根轴线

B. B 号轴线之后附加的第二根轴线

C. 详图所在图纸编号为 B，详图编号是 2

D. 详图所在图纸编号为 2，详图编号是 B

E. 是位于 2 区编号为 B 的轴线

50. 关于本工程说法正确的是（　　　）。

A. 建筑层数为主体建筑地上三层

B. 一层平面设有无障碍厕所

C. 固定窗均采用安全玻璃

D. 排气道口采用铝合金防雨百叶

E. 建施图中屋面标高为结构标高

# 附录 2　某某小区别墅建筑施工图

| ××××建筑设计有限公司<br>图纸目录 | | 建设单位 | ××××有限公司 | | |
| --- | --- | --- | --- | --- | --- |
| | | 项目名称 | 某某小区别墅 | 专业 | 建　筑 |
| | | 项目编号 | | 阶段 | 施工图 |
| | | 编 制 人 | | 日期 | |

| 序号 | 图别图号 | 图纸名称 | 图幅 | 备注 |
| --- | --- | --- | --- | --- |
| 1 | 建施-01 | 建筑设计说明(一) | A3 | |
| 2 | 建施-02 | 建筑设计说明(二) | A3 | |
| 3 | 建施-03 | 建筑构造做法表 | A3 | |
| 4 | 建施-04 | 门窗表、门窗详图 | A3 | |
| 5 | 建施-05 | 一层平面图 | A3 | |
| 6 | 建施-06 | 二层平面图 | A3 | |
| 7 | 建施-07 | 三层平面图 | A3 | |
| 8 | 建施-08 | 屋顶平面图 | A3 | |
| 9 | 建施-09 | ①～⑪轴立面图 | A3 | |
| 10 | 建施-10 | ⑪～①轴立面图 | A3 | |
| 11 | 建施-11 | Ⓔ～Ⓐ轴立面图、Ⓐ～Ⓔ轴立面图 | A3 | |
| 12 | 建施-12 | 1-1剖面图 | A3 | |
| 13 | 建施-13 | 1号楼梯详图(2号楼梯镜像) | A3 | |
| 14 | 建施-14 | 厨房、卫生间、节点详图 | A3 | |
| 15 | 建施-15 | 卫生间详图(二) | A3 | |
| 16 | 建施-16 | 墙身大样图 | A3 | |
| 17 | 建施-17 | 节能设计建筑专篇 | A3 | |
| | | | | |
| | | | | |
| | | | | |
| | | | | |
| | | | | |

# 参考文献

[1] 中华人民共和国住房和城乡建设部. 房屋建筑制图统一标准：GB/T 50001—2017 [S]. 北京：中国建筑工业出版社，2017.

[2] 中华人民共和国住房和城乡建设部，中华人民共和国国家质量监督检验检疫总局. 总图制图标准：GB/T 50103—2010 [S]. 北京：中国建筑工业出版社，2011.

[3] 中华人民共和国住房和城乡建设部，中华人民共和国国家质量监督检验检疫总局. 建筑制图标准：GB/T 50104—2010 [S]. 北京：中国建筑工业出版社，2011.

[4] 中华人民共和国住房和城乡建设部，中华人民共和国国家质量监督检验检疫总局. 建筑结构制图标准：GB/T 50105—2010 [S]. 北京：中国建筑工业出版社，2011.

[5] 中华人民共和国住房和城乡建设部. 民用建筑设计统一标准：GB 50352—2019 [S]. 北京：中国建筑工业出版社，2019.

[6] 中华人民共和国住房和城乡建设部，中华人民共和国国家市场监督管理总局. 民用建筑通用规范：GB 55031—2022 [S]. 北京：中国建筑工业出版社，2022.

[7] 中华人民共和国住房和城乡建设部. 建筑与市政工程施工现场专业人员职业标准：JGJ/T 250—2011 [S]. 北京：中国建筑工业出版社，2012.

[8] 李翔，宋良瑞，贝毅，等. 建筑识图与实务 [M]. 2版. 北京：高等教育出版社，2020.

[9] 刘觅，周亦人. 画法几何及土木工程制图习题集 [M]. 武汉：华中科技大学出版社，2015.

[10] 何斌，陈锦昌，王枫红. 建筑制图 [M]. 8版. 北京：高等教育出版社，2020.